プログラミング はじめよう

立山秀利 著

インプレス

本書の内容については正確な記述につとめましたが、著者、株式会社インプレスは本書の内容に基づくいかなる運用結果にも一切責任を負いかねますので、あらかじめご了承ください。

本書に掲載している会社名や製品名、サービス名は、各社の商標または登録商標です。本文中に、TMおよび®は明記していません。

インプレスの書籍ホームページ

書籍の新刊や正誤表など最新情報を随時更新しております。

https://book.impress.co.jp/

Copyright © 2018 Hidetoshi Tateyama. All rights reserved.
本書の内容はすべて、著作権法によって保護されています。著者および発行者の許可を得ず、転載、複写、複製等は利用できません。

はじめに

2020年から小学校でのプログラミング教育が必修化されます。
それに伴い、学生やビジネスパーソンの間でも、
プログラミングへの注目度が高まっています。

「アプリを作ってみたい！」など、
自分でプログラミングをできるようになりたい人も急速に増えています。

プログラミングができるようになるには、
初心者向けのスクールに通ったり、入門書を片手に独学したりするなど、
学ぶ必要があるのはあたりまえですが、
プログラミング自体がまったく未経験の初心者は、
学び方に注意が必要です。

学び順が不適切だと、すぐに挫折してしまいます。

●プログラミングの学び順で注意すべきポイント
学び順で1つの指標となるのが「変数」です。
プログラミングの初心者は変数を最初に学んではいけません。

入門書やWebサイト、スクールの中には、
最初にいきなり変数を学ぶものが散見されますが、
初心者向きではないと筆者は考えています。

初心者が学び始めて最初に、
「この言語では変数を宣言する方法はこうで、
データ型を指定する方法はこうで……」
などと教えられてもまったく理解できず、
あっという間に挫折してしまうでしょう。

プログラミング自体が未経験の初心者には、
理解しろと言われても無理な話なのです。

●プログラミング学習では真髄の習得が大切
なぜ初心者は理解できないのでしょうか。
――それはプログラミングの"真髄"を理解していないからです。
プログラミングの真髄とは、
どの言語にも共通する根本的な仕組みなどのことです。

プログラミングの学習では真髄を習得することが非常に大切です。
初心者はまず真髄を理解してから、
プログラミング言語の文法や約束ごとを学べば、
スムーズに理解できて挫折せずに済むでしょう。
そして、真髄は各言語に共通しているため、
理解していれば、将来他の言語を学ぶ際に大変スムーズになります。

「初心者向け」と銘打たれたスクールや入門書の中には、
真髄の解説は、ないか、一言二言で済ませ、
言語の文法や約束ごとの解説に終始しているものが少なくありません。
他の言語の経験者なら真髄はすでに理解しているので問題ありませんが、
プログラミング自体が未経験の初心者は真髄を身に付けていないため、
変数の宣言方法やデータ型といった
プログラミング言語の文法や約束ごとなどを
いきなり教えられても理解できないのは当然です。

●本書の内容
本書は、プログラミング自体がまったく未経験の初心者の方向けに、
プログラミングの真髄をていねいに解説します。

1章、2章ではその前段として、
「プログラミングって何？」といった素朴なギモン、プログラミングの大きな流れ
などを解説します。

3章にて、プログラミングの真髄の中でも特に大事な3つについて、
図解をふんだんに交えつつ、わかりやすく解説します。

もっとも、真髄はただ解説を読んだだけではなかなか理解できないもの。
そこで4章にて、プログラミング言語を使わず、
ブロック風の命令文を並べるスタイルで
プログラムを作成する疑似体験をしていただきます。
そういった実践によって真髄の理解を促進し、身に付けていただきます。

5章では最近人気の言語「Python（パイソン）」を使って、
簡単なプログラムを作る体験をします。
その中で真髄の具体的な活用も体験します。
このように段階を追って真髄を習得することで、
初心者でも挫折せずにプログラミング入門を果たせるでしょう。

6章では、より高度なプログラミングの仕組みを紹介します。
7章では、各種言語の特徴や主な用途を解説します。

8章では、本書で真髄を理解した後のプログラミング学習において、
何を優先して力を入れるべきかなど、
学習の進め方を解説します。
事前に知っておけば、その後の学習の大きな指針となり、
迷って挫折せずに済むことでしょう。

なお、本書は真髄を重点的に理解していただきたいという考えから、
「オブジェクト指向」などプログラミングの高度な知識は、
簡単に済ませています。ハードウェアの解説も割愛しています。

これからプログラミングをはじめよう！と希望に満ちあふれた初心者の皆さんにとって、本書が少しでもお役に立てることを祈っております。

立山 秀利

Contents

はじめに 3

第1章 プログラミングとは何か 11
1. 世の中はコンピューターであふれている 12
2. プログラムとはコンピューター向けの"命令書" 17
3. 命令書を実社会でたとえるなら? 19
4. プログラミングとは"命令書"を書くこと 21
5. プログラムの命令は短い文として書く 23
6. プログラムの命令文は明確に書く 25
7. プログラムは限られた種類の命令文を組み合わせて書く 26

第2章 プログラミングの大きな流れを知ろう 29
1. 作りたいプログラムを考える 30
2. 開発言語とプラットフォームを決める 33
3. 開発環境を決める 36
4. 画像などの素材を揃える 40
5. コードを記述する 43
6. 動作確認と修正 45

第3章 どの言語にも共通するプログラミングの真髄を学ぼう 49
1. プログラミングの"真髄"を学ぼう 50
2. プログラミングの真髄① ── 小さな単位に分解する 52

3 プログラミングの真髄②——処理の流れを制御する ……………… 54
4 プログラミングの真髄③——変数 …………………………………… 60

第4章 プログラミングを疑似体験しよう …………………… 65

1 順次だけを使って道案内を作る ……………………………………… 66
2 順次と繰り返しを使って道案内を作る ……………………………… 73
3 順次と繰り返しと分岐を使って道案内を作る ……………………… 79
4 「2つ目の角を曲がる」にプログラムを変更してみよう ………… 86

第5章 Pythonでカンタンなプログラミングを体験しよう …………………………………………………… 97

1 Pythonの開発環境を用意しよう ……………………………………… 98
2 「数あてゲーム」の機能紹介と分解・整理 ………………………… 102
3 とりあえず文字列を表示してみよう ………………………………… 110
4 1～3のランダムな整数を生成 ………………………………………… 117
5 プレーヤーが数を入力できるようにしよう ………………………… 127
6 あたり／はずれを判定する …………………………………………… 131
7 数あてを5回繰り返す …………………………………………………… 138
8 得点を付けられるようにしよう ……………………………………… 141
9 何回目のチャレンジか表示する ……………………………………… 147

第6章 スキルアップするために知っておきたいプログラミングの仕組み …… 153

1 分岐の3つのタイプを知っておこう …… 154
2 繰り返しの3つのタイプを知っておこう …… 157
3 配列 ——「ハコ」の集合でまとめてデータを扱う仕組み …… 162
4 関数 —— 共通する処理をまとめて使い回す仕組み …… 165
5 ライブラリやフレームワーク
　　——"先人の成果"でラクに短時間で作ろう …… 171

第7章 最初に学ぶプログラミング言語は何にする？ …… 177

1 この用途ならこの言語! …… 178
2 Swift／Objective-C／Kotlin／Java …… 181
3 JavaScript …… 183
4 Python …… 187
5 Java …… 188
6 PHP …… 189
7 Ruby …… 191
8 C／C++／C# …… 192
9 VB／VBA …… 194
10 Scratch …… 196
11 初心者はどの言語を選べばいい？ …… 199

第8章 これから後のプログラミング学習の進め方 ……………… 203

1 文法や約束ごとはスグにおぼえる必要なし ……………… 204
2 サンプルプログラムの"写経"をやってみよう ……………… 207
3 プログラミング上達のために必要なデバッグ力 ……………… 212

第1章
プログラミングとは何か

1. 世の中はコンピューターであふれている
2. プログラムとはコンピューター向けの"命令書"
3. 命令書を実社会でたとえるなら？
4. プログラミングとは"命令書"を書くこと
5. プログラムの命令は短い文として書く
6. プログラムの命令文は明確に書く
7. プログラムは限られた種類の命令文を組み合わせて書く

第1章

1 世の中はコンピューターであふれている

POINT!
- 身の回りのあらゆるものがコンピューターで動いている
- コンピューターは私たちにとって欠かせない存在である
- コンピューターはいろいろな作業を自動化してくれる
- コンピューターの基本動作は、入力、処理、出力

■ こんなモノも実はコンピューター

　私たちの身の回りは、コンピューターであふれています。

　パソコンはもちろん、おなじみのスマートフォンやタブレットもコンピューターの一種です。ゲーム機も据え置きタイプにせよ携帯タイプにせよ、中身はコンピューターです。

　テレビや洗濯機や炊飯器といった家電も、ちょっとしたコンピューターを備えています。たとえば炊飯器なら、指定した時刻に美味しく炊きあがるよう、火力などの調節を小さなコンピューターで行っています。また、最近の自動車にはいくつもの小さなコンピューターが搭載されており、カーナビは言うに及ばず、エンジンの制御など走行にも用いられています。

　企業や官公庁などの仕事においても、財務会計や受発注をはじめ、あらゆる業務はコンピューターのシステムで行われています。また、銀行のATMや駅の切符の販売機の正体はコンピューターです。他にも、飛行機の運航管理、発電所の運転など、社会インフラのほとんどはコンピューターが支えています。

　このようにスマートフォンから社会インフラまで、身の回りのあらゆるものがコンピューターで動いています。これら数々のコンピューターのおかげで、私たちの暮らしはより便利で豊かになっています。もはやコンピューターなしでは、今の世の中は成り立たないと言っても過言ではないほど、コンピューターは私たちにとって欠かせない存在です。

1 世の中はコンピューターであふれている

● 図1-1-1：私たちの身の回りのコンピューター

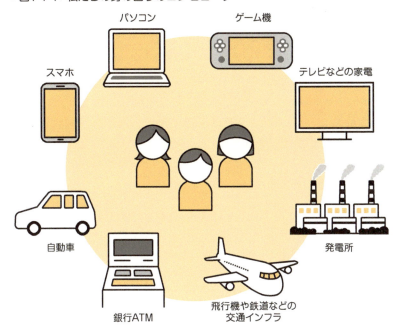

自動化こそコンピューターの大きなメリット

　身の回りのあらゆるものに搭載されているコンピューターですが、そもそもコンピューターとは何でしょうか？　Webで検索するなどして意味を調べると、「電子計算機」などという言葉が出てきます。確かに計算機と言えば計算機なのですが、結局何なのか、いまいちよくわかりませんよね。

　「人間にとってどんなよいことがあるか？」という視点に立てば、コンピューターとは、「いろんな作業を自動化してくれるモノ」です。電卓なら計算だけを自動化しますが、コンピューターはさまざまなことを自動化します。

　コンピューターによる自動化とは、具体的にどういうことでしょうか？

　たとえば電車の乗換案内のアプリです。スマートフォンでアプリを立ち上げたら、出発地や目的地の駅を指定すれば、どのような路線に乗って、どの駅でどの路線に乗り換えればよいのか、乗換の経路を瞬時に自動で調べてくれます。もしスマート

第1章

フォンがなかったら、紙の路線図を片手に自分で調べなければなりません。手間や時間がかかる上に、間違えるかもしれません。コンピューター（スマートフォン）で自動で調べれば、そのような心配は無用でしょう。

　もっと複雑な例が、ホテルの予約です。もし、すべて手作業で行おうとしたら、宿泊希望者はガイドブックなどを開き、目的のホテルの電話番号を調べます。そして、電話をかけ、日程と人数、自分の名前や連絡先などを口頭で伝えます。

　ホテルの担当者は、その日程と人数で空き部屋があるか確認し、あれば相手に予約完了の旨を口頭で伝えます。あわせて、人数などに応じて宿泊費を計算して伝えます。さらには宿帳に名前や連絡先などを書き込むなど、予約に必要な作業をすべて人の手で行うことになります。

● 図1-1-2：ホテル予約を手作業で行うと……

　一方、コンピューターがあれば、宿泊希望者はパソコンやスマートフォンで予約サイトや予約アプリを立ち上げ、目的のホテルを検索します。そして、名前や連絡先など必要な情報を入力し、[予約]ボタンをタップします。

　ホテル側では予約用のコンピューターによって、空き部屋の確認から宿泊費の計算、名前や連絡先などの記録まで、担当者は承認の操作以外は何ら作業することな

く、予約に必要な作業がすべて自動で行われます。あわせて、予約希望者のパソコンやスマートフォンの画面に予約完了のメッセージや宿泊費を表示したり、メールを送信したりすることも自動で行われます。

●図1-1-3: ホテル予約をコンピューターで行うと……

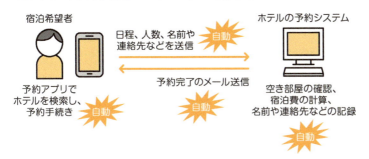

このように手作業だと手間も時間もかかるので大変ですが、コンピューターで自動化すれば、短時間かつ正確に行えるようになります。これこそが、コンピューターが私たちにもたらす大きなメリットでしょう。

大まかに表すと「入力→処理→出力」

ここで、コンピューターというものを、いささか極端かもしれませんが、抽象化してみるとします。すると、次の図のようになります。

●図1-1-4: コンピューターを抽象化すると……

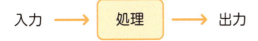

この図の「入力」では、コンピューターを使うユーザーが、何かしらのデータを入力したり、クリックやタップなどの操作を行ったりします。「入力」を受け取ったコンピューターは、計算やデータの記録などの「処理」を行います。本書では以降、「処理」という言葉は「コンピューター自身が計算などの作業を行うこと」という意味で

用いるとします。そして、その処理の結果を画面に表示したり、ファイルに保存したりするなどして「出力」します。

　先ほどの乗換案内アプリなら、出発駅などの条件を設定することが「入力」に該当します。「処理」は、乗換の経路を調べることになります。「出力」は乗換の経路の表示になります。ホテル予約の例なら、宿泊希望者が検索した宿泊先や、日程などを入力して予約申し込みをしたりすることが「入力」に該当します。「処理」は空き部屋の確認や宿泊費の計算、名前や連絡先などの記録といったホテルの予約用コンピューターの処理になります。「出力」は予約完了のメッセージの表示などに該当します。

　<図1-1-4>の「処理」の部分がまさに自動化の心臓部であり、何をどう自動で処理するのかが非常に重要となります。

2 プログラムとは コンピューター向けの"命令書"

> **POINT!**
> ・プログラムは自動で行ってほしい処理が書かれた命令書
> ・プログラムはどのコンピューターにとっても必要なもの

■ プログラムって何？

　前節で登場した<図1-1-4>の「処理」の部分で、コンピューターが何をどう自動で処理するのかを具体的に記述したものが、プログラムです。人間はコンピューターに自動で行ってほしい処理を"命令"します。プログラムとは、そういった命令を書いた"命令書"になります。

　ザックリ言えば、プログラムには「こんな入力があるから、こんなふうに計算したり記録したりして、結果をこんなふうに出力してね」といった命令を書きます。前節に登場した乗換案内アプリの例のプログラムなら、乗換の経路を調べる処理を行うための命令が書かれています。ホテル予約の例なら、空き部屋の確認や宿泊費の計算、名前や連絡先などの記録といった処理を行うための命令が書かれています。

●図1-2-1：プログラムはコンピューター向けの"命令書"

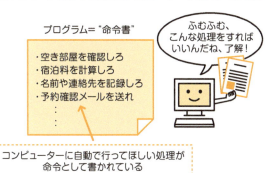

第1章

■ 身近にあるプログラムの例

ここでプログラムの具体例をいくつか挙げてみましょう。

皆さんが普段パソコンで利用しているWebブラウザーやメールソフト、ワープロ、表計算などのソフトはプログラムです。スマートフォンやタブレットのアプリもプログラムです。さらにはWindows、macOS、iOS、AndroidといったOSもプログラムです。

ゲーム機で動くゲームソフトもプログラムです。銀行のATMや駅の切符の販売機などにも、プログラムが組み込まれています。他にも、たとえば炊飯器ならどの強さで何分加熱するかなど、自動車や家電や社会インフラなどの機械に"命令"を送って動かしている"頭脳"は、操作画面があるものもないものも含め、すべてプログラムです。

これらのプログラムはすべて、プログラミング言語によって書かれた命令書です。使われている言語に違い(プログラミング言語の種類の違い)が多少あるものの、すべてコンピューター向けの命令書になります。

■ 命令書がなければ、ただの"ハコ"

もし、プログラムがなければ、コンピューターはどうなってしまうでしょうか？

コンピューターはプログラムがなければ、何をどう処理すればよいのか、まったくわからないのです。そのため、何の処理も行えず、ただじっとしているしかなくなり、何も自動化できません。

このようにコンピューターはプログラムがなければ、ただの"ハコ"と化してしまうのです。コンピューターは命令されたことは高速かつ正確にできますが、あくまでも命令されたことしかできません。命令がなければ何もできないのです。プログラムがなければ、コンピューターは何の役にも立ちません。

どのコンピューターにとっても漏れなく必要なもの——それがプログラムです。

3 命令書を実社会でたとえるなら？

POINT!
- 人間社会にもコンピュータープログラムと同じような命令書はある
- プログラムはコンピューターを対象に書かれた命令書

■ レシピや道案内はプログラムと同じ

　プログラムはコンピューター向けの命令書と解説しましたが、ここで命令書というものをよりイメージできるよう、実社会にあるものでたとえてみます。
　典型的な例は料理のレシピです。揃える材料や調理のやり方が順を追って書かれています。命令通りに作業していけば、料理を作ることができます。

● 図1-3-1：料理のレシピの例

ポークカレーの作り方
- タマネギとニンジン、ジャガイモ、豚肉を一口大に切る
- タマネギを透き通るまで炒める
- 豚肉を入れてさらに炒める
- ニンジンとジャガイモ、水を入れて中火で煮込む
- 野菜に火が通ったら、カレールーを入れて弱火で煮込む

　また、観光地や公共施設などの道案内も命令書と言えます。命令通りに移動していけば、目的の場所にたどり着くことができます。

● 図1-3-2：道案内の例

当ホテルへのアクセス
○○駅の××出口を出て、△△通りを直進。郵便局の交差点を右折し、さらに50m直進。

これらレシピや道案内も、処理が書かれた命令書という意味では、プログラムと同じと言えます。

命令書の対象と言葉の違い

ここで命令書の例として挙げたレシピと道案内は、いずれも人間を対象に書かれたものです。レシピを見て料理を作ったり、道案内を見て目的地に移動したりするなど、命令に従って動くのは人間になります。

そして命令書の中身は、日本人が対象なら通常は日本語で書かれます。言わば"人間がわかる言葉"によって命令が書かれていると言えます。

それに対してプログラムは、コンピューターを対象に書かれた命令書です。命令に従って動くのはコンピューターです。その命令は日本語や英語といった"人間がわかる言葉"ではなく、"コンピューターがわかる言葉"で書かなくてはなりません。その言葉こそ、プログラミング言語なのです。ですから、命令書の中身は、プログラミング言語で書かれています。

このようにプログラムの本質は、実社会における命令書と同じです。対象が人間ではなくコンピューターであり、使われる言葉が人間の言葉ではなくプログラミング言語である、といった違いがあるだけです。

●図1-3-3：命令書の対象と言葉の違い

4 プログラミングとは"命令書"を書くこと

POINT!
- プログラミングとはプログラムを書く行為のこと
- プログラマーとはプログラムを書く人のこと
- プログラミングができるとオリジナルのプログラムを作れるようになる

■ プログラミングってどういうこと？

　では、プログラミングという言葉は「プログラム」という言葉と非常に似ていますが、一体何が違うのでしょうか？　プログラミングとは、プログラムを書く行為のことです。プログラムを書く人は一般的に「プログラマー」と呼ばれます。

　そして、前節までに学んだ内容ですが、プログラムを書くのに用いられる言葉は、プログラミング言語です。つまり、プログラミングとは、プログラミング言語を人間が用いてコンピューター向けの命令書（＝プログラム）を書くことです。コンピューターは命令書に書かれている命令に従って、処理を自動で行っていきます。

●図1-4-1：人間がコンピューター向けの命令書を書く

人間

プログラミング！

人間が考えた命令を
プログラミング言語で
コンピューター向けに書く

プログラム＝"命令書"
・空き部屋を確認しろ
・宿泊料を計算しろ
・名前や連絡先を記録しろ
・予約確認メールを送れ

第1章

■ プログラミングができると何ができる？

　プログラミングができるようになると、以下のようなプログラムが自分で書けるようになります。

・スマートフォン／タブレットアプリ
・パソコンソフト
・Webサービス（Webアプリ）
・ゲーム
・会社の業務の自動化
・AI／データ解析
・家電製品などに内蔵されたソフト

　たとえば、個人で楽しむためのちょっとしたスマートフォン用アプリやWebサービスなどを作ることができます。Webサービスとは、ショッピングサイトやSNSなどのことです。工夫すれば、個人で楽しむだけでなく、自分で作ったプログラムでお小遣いを稼ぐことも可能です。
　プログラマーとしてスキルを磨き、プロのプログラマーとなれば、プログラムを作成する企業などに就職し、チームを組んでもっと大規模なプログラムが作れるようになります。たとえば、企業や官公庁からの依頼を受けて、本格的なスマートフォン用アプリやWebサービス、受発注管理や財務会計、基幹業務を行うためのプログラムなどが作れます。
　さらにプログラマーとしてのレベルが大きく上がれば、AI（人工知能）やビッグデータ分析、セキュリティなどの最先端技術を駆使したプログラム作成に携わることができるようになります。

5 プログラムの命令は短い文として書く

> **POINT!**
> - 命令は文として書く
> - 処理ごとに短い命令文を用意する
> - 複数の命令文を並べて書く
> - コンピューターは単純な命令を素早く大量に実行するのが得意

■ 命令は文として書く

　コンピューター向けの命令書であるプログラムはどのように書けばよいのか、その大まかなイメージを本節から1章7節（以後、1-7と略します）にかけて4つ紹介します。

　1つ目は、命令は文として書くことです。このことを道案内になぞらえて説明します。たとえば、駅に着いた友人に対して電話で道案内するとして、最初に駅から北方向に進んでほしいなら、「駅から北方向に進んでください」などといった"文"のかたちで友人に伝えます。決して「駅、進む、北」など文ではないかたちで伝えることはないでしょう。プログラミングでもコンピューターに向けて、命令を文のかたちで記述することになります。

■ 命令文は短く書く

　2つ目は、命令文は短く書く、ということです。コンピューターに自動で実行させたい処理が複数ある場合、複数の処理用の命令文がつながった1つの長い文ではなく、複数の短い命令文に分けて書きます。処理ごとの命令を短い文としてそれぞれ用意し、それらを並べて書くかたちとなります。

　このことも道案内になぞらえると、1つの長い命令文として書いた場合は、たとえば、次のようになります。

第1章

> 駅から北方向に進み、郵便局の角を右に曲がり、2つ目の信号を左に曲がってください。

複数の短い命令文を並べて書くかたちでは、次のようになります。箇条書きのイメージです。

> ・駅を出て北方向に進んでください
> ・郵便局の角を右に曲がってください
> ・2つ目の信号を左に曲がってください

　前者では、道順を1つの長い文で命令していますが、後者では3つの短い文で命令しています。プログラムは後者のように書くことが求められます。
　なぜ長い命令文はダメかというと、コンピューターは根本的に、一度に単純な命令しか実行できないからです。単純な命令を素早く大量に実行するのは得意ですが、複雑な命令を一度に実行するのは苦手です。そのため、プログラムは単純な短い命令文だけで書く必要があります。

●図1-5-1：命令文は短い文として書く

プログラムの命令文は明確に書く

> **POINT!**
> ・コンピューターは命令されたことしか実行できない
> ・命令文はできる限り明確で具体的に書かなくてはいけない

■ 1つ1つの命令文は明確に

　3つ目は、それぞれの短い命令文は明確でなければならない、ということです。このことも道案内になぞらえて説明します。

> 駅を出て進む。

　これは明確ではありません。単に「進む」だけでは、どの方向に進めばよいかわかりません。そのため、「駅を出て北方向に進む」など、進む方向を具体的に指定する必要があります。

　コンピューターは命令されたことしか実行できません。ちょうど小さな子供が言われた言葉そのままに行動するように、命令されたことを愚直に実行します。命令文の内容に曖昧な点があると、実行できなくなってしまいます。そのため、命令文はできる限り明確で具体的に書く必要があるのです。

●図1-6-1：命令文は明確に書く

プログラムは限られた種類の命令文を組み合わせて書く

> **POINT!**
> - プログラムは限られた種類の命令文を組み合わせて書く
> - 命令文はプログラミング言語で決められた語句だけを使い、決められた文法に従って書く
> - プログラミング言語の種類ごとに、それぞれ語句と文法が異なる

■ 限られた種類の命令文だけで処理を作る

　4つ目は、限られた種類の命令文を組み合わせて書く、ということです。これも実社会の道案内になぞらえて説明します。たとえば道案内で使える命令文が以下の3種類のみに限られているとします。

- まっすぐ10m進む
- 右に曲がる
- 左に曲がる

　この場合、これら3種類の命令文だけで、目的地にたどり着けるよう道案内を書かなければなりません。たとえば、50m進むよう命令したければ、「10m進む」を5つ連続して書きます。また、10m進んだ後、左に曲がり、さらに10m進んだら右に曲がるよう命令したければ、「10m進む」「左に曲がる」「10m進む」「右に曲がる」の順で書きます。このように3種類の命令文だけを適宜組み合わせて、目的地にたどり着ける命令書を書いていきます。

● 図1-7-1：プログラムは限られた種類の命令文のみで書く

プログラミングの場合、どのような命令文が使えるのかは原則、プログラミング言語によって異なります。プログラマーは限られた種類の命令文をうまく組み合わせて、目的の処理を実行できるようにプログラムを書かなければなりません。そこがプログラマーのウデの見せどころの1つでもあるのです。

命令文は決められた語句と文法で書く

さらに個々の命令文を書く際は、プログラミング言語で使用可能とされた語句だけを使い、決められた文法に従う必要があります。先ほどの道案内の例で説明すると、道を曲がる命令文に使える語句は「右」「左」「に」「曲がる」の4種類しかなく、文法は日本語のものと決められているとします。この場合、たとえば「左に回転する」と書いてしまうと、使えない語句「回転する」が含まれるのでNGです。また、「左曲がるに」と書いてしまうと、日本語の文法に反するのでNGです。

プログラミングでも同様に、プログラマーは使うプログラミング言語に応じて、決められた語句だけを使って、決められた文法に従って命令文を書くことで、プログラムを書いていきます。言い換えれば、プログラムはそのような制約のもとに書かなければなりません。また、使用可能な語句と文法が決められているゆえに、そ

れを用いて書いた命令文の種類も限られるのです。材料と作り方が限られれば、できあがるものも限られるのは当然でしょう。

　使える命令文の種類、それに伴う使用可能な語句や文法はプログラミング言語によって異なります。この違いこそ、初心者に優しいかどうかや、用途やジャンルによって得意不得意があるなど、プログラミング言語の違いに直結します。プログラマーは自分が使いたいプログラミング言語について、命令文の種類および使用可能な語句と文法を学ぶ必要があります。

column
裏ではもっとコンピューター寄りの言葉に翻訳

　コンピューターは厳密に言えば、プログラミング言語そのものは理解できません。そのため、プログラミング言語で書かれた命令文は裏で、コンピューターが完全に理解できる言葉に改めて翻訳された上で実行されています。その言葉は専門用語で「機械語」などと呼ばれ、機械語に翻訳することは「コンパイル」と呼ばれます。

　人間が最初から機械語を使ってプログラムを書けないこともないのですが、人間には非常に難しい言葉なので、書くのに大変苦労します。そこで、人間にとって理解しやすくて使いやすく、かつ、機械語に翻訳しやすい言葉として、プログラミング言語があるのです。もし機械語しかなければ、その難しさゆえにプログラムを書ける人はごくわずかになってしまいますが、プログラミング言語があるおかげで、多くの人がプログラムを書けるようになっています。

第2章
プログラミングの大きな流れを知ろう

1. 作りたいプログラムを考える
2. 開発言語とプラットフォームを決める
3. 開発環境を決める
4. 画像などの素材を揃える
5. コードを記述する
6. 動作確認と修正

作りたいプログラムを考える

> **POINT!**
> ・どんなプログラムを作るのかを決めるのが最初の作業
> ・仕事でプログラムを作る場合は、顧客の要望がベースになる

■ プログラミングの大きな流れ

　プログラミングをしたい！と思ったら、実際にはどのような作業をどのような順で進めていけばよいのでしょうか？　本章では、その大まかな流れを紹介します。
　先にここで、全体の流れを提示しておきます。それぞれの作業の内容は、この後、順に説明していきます。

```
【STEP1】作りたいプログラムを考える
          ↓
【STEP2】開発言語とプラットフォームを決める
          ↓
【STEP3】開発環境を決める
          ↓
【STEP4】画像などの素材を揃える
          ↓
【STEP5】コードを記述する
          ↓
【STEP6】動作確認と修正
```

■ どんなプログラムを作るか考える

　最初の作業は、「【STEP1】作りたいプログラムを考える」です。あたりまえですが、どんなプログラムを作るのかを決めなければ、何も始まりません。

たとえば「スマートフォン用のショッピングアプリを作りたい！」などと大枠を決めます。仕事としてプログラムを作る場合は、顧客の依頼で作るケースが多いため、顧客の要望が作りたいプログラムのベースになります。

作りたいプログラムを決めたら、プログラムに備えたい機能を考えます。画面の構成や操作体系、処理の流れなどを、可能な範囲でできるだけ具体的に考えます。どんな画面を表示し、ユーザーがどんな操作をしたら、どんな処理を行い、結果をどう表示するかなどを考えることになります。

たとえばショッピングアプリなら、「ユーザーが商品の個数を入力し、[購入する]ボタンをタップしたら、商品をショッピングカートに入れる」など、シナリオを書くイメージで決めていきます。このとき、画面の構成や操作方法、扱うデータの一覧表など、ラフな手書きでも構わないので紙に書いて見える化しておくと、後の作業が進めやすくなります。

なお、ここで決める画面や操作方法は、プログラムを使う人間の視点で考え、わかりやすくて使いやすくなるように決めることが大切です。

● 図2-1-1：【STEP1】どんなプログラムを作るか考える

第2章

> **column**
> ### 「不測の事態への対策」も考えないといけない
>
> 　プログラムは、「不測の事態」にも備えることが求められます。「不測の事態」とは、たとえばショッピングアプリの商品の個数の欄なら、数値が未入力のまま［カートに入れる］ボタンがタップされたりするなど、ユーザーが想定外の操作をしてしまう事態です。また、通信しようとしたらネットワークが切れていたなど、操作以外にもさまざまな事態がありえます。
>
> 　事前に対策をしておかないと、プログラムが想定通りに動かなくなってしまいます。事前の対策とは、たとえば商品の個数が入力されずに［カートに入れる］ボタンがタップされたら、「数値を入力してください」などのメッセージを表示して再入力を促す機能を作っておくことです。プログラマーは具体的にどのような不測の事態が起こり得て、それぞれどのように対処するか、作りたいプログラムを考える際にあわせて考えておきます。とはいえ、実際にコードを書いたり実行したりする中で初めて気づく不測の事態も多いので、随時考えながら作っていくことになります。
>
> 　なお、そういった機能は専門用語で「エラー処理」や「例外処理」と呼ばれます。

2 開発言語とプラットフォームを決める

> **POINT!**
> ・用途や得意分野から開発言語を決める
> ・対象プラットフォーム（ユーザーが使うOS）を決める
> ・開発プラットフォーム（プログラムを作るOS）を決める

■ どのプログラミング言語を使う？

　作りたいプログラムの内容を決めたら、次の作業は「【STEP2】開発言語とプラットフォームを決める」です。

　「開発言語」とは、プログラムの開発に用いるプログラミング言語のことです。「プログラムの開発」とは、プログラミングによってプログラムを作る行為のことです。

　詳しくは7-1で説明しますが、プログラミング言語にはそれぞれ得意な用途や分野があるため、自分の作りたいプログラムに合ったものを選びます。たとえば、ショッピングサイトを作りたければ、PHPやRuby、Javaなどから1つ選びます。また、AIのプログラムを作りたければ、最近はPythonが適しています。

　なお、作りたいプログラムによっては、使う言語が制限されます。たとえば、iPhone／iPadアプリを作りたければ、SwiftかObjective-Cのいずれかから選ばなければなりません。他の言語では開発できません。

■ どのOS上でプログラミングする？

　開発言語を決めるのとあわせて、「プラットフォーム」も決める必要があります。プラットフォームとは、OSのことです。パソコンならWindowsやmacOS、スマートフォン／タブレットならiOSやAndroidになります。

　ここで、決めなければならないプラットフォームは2つあります。1つ目は、対象プラットフォームです。対象プラットフォームとは、プログラムを使うOSのこ

とです。これから作るプログラムは、どのOSで使えるものにするかを決めます。あわせて、1つのOSしか使えないのか、複数のOSでも使えるようにするのかも決めます。複数のOSでも使えるようにするなら、通常はOSの種類ごとにプログラムを作る必要があるのですが、Webブラウザー上で動かす場合は、基本的にすべてのOSに共通した規格が決められているので、OSの違いは影響せず、作るプログラムは1つで済みます。

　2つ目は、開発プラットフォームです。開発プラットフォームとは、プログラムを作成するのに使うプラットフォームのことです。なお、対象プラットフォームと、開発プラットフォームは、異なるケースがあるので注意が必要です。

●主な対象/開発プラットフォームの対応

対象プラットフォーム	開発プラットフォーム
Windows	Windows
macOS	macOS
iOS	macOS
Android	Windows、macOS、Linux

　ややこしいのが、スマートフォン/タブレットのアプリです。たとえば、iOS向けアプリの開発はiOS上で行うのではなく、MacパソコンのmacOS上で行うことになります。iPhone/iPad用アプリだからといって、iPhone/iPad上で作るわけではないのです。同様にAndroid用アプリはAndroid上ではなく、WindowsやmacOSやLinuxといったプラットフォームのパソコン上で行います。

　また、WebページやWebのサーバー系は、Webブラウザーで使われるので、対象プラットフォームは関係ありません。そのため、開発にはどのプラットフォームでも選べます。

2 開発言語とプラットフォームを決める

● 図2-2-1：【STEP2】開発言語とプラットフォームを決める

サーバー系
本書では、ショッピングサイトなどインターネットのサービスの"裏側"で動くプログラムのことをまとめて「サーバー系」と呼ぶことにします。企業の業務システムや社会インフラなどのプログラムも含みます。

第2章

3 開発環境を決める

POINT!
- コードはテキストエディターで書く
- テキストエディターとは別に、プログラムを実行するソフトも必要
- 定番のIDEを使うのがオススメ

■ コードはテキストエディターで書く

　続いての作業は、「【STEP3】開発環境を決める」です。

　プログラミングを行うには少なくとも、コードを書くことと、実行することができなければなりません。コードとは人間がプログラミング言語で記述した命令文の文字列（テキスト）のことです。「ソースコード」と呼ばれる場合もあります。厳密には、書いたコードをコンピューターで実行可能にしたものがプログラムなのですが（1章コラム「裏ではもっとコンピューター寄りの言葉に翻訳」参照）、初心者はコードとプログラムはほぼ同義と捉えても構いません。「実行する」とは、書いたコードを動かすことです。

　コードを書いたり実行したりするには、何かしらのツールが必要となります。ここで言う「ツール」とは、ソフト（プログラム）のことです。プログラムを作るには、それ用のプログラムが必要となるというわけです。

　プログラムを作るためのツール類をまとめて「開発環境」と呼びます。「【STEP3】開発環境を決める」では、開発環境として、具体的にどんなツールを使うのかを決めます。

　プログラムを作成する際は基本的に、プログラミング言語でコードをテキストとして書きます。そのテキストファイルがプログラムとなります。

　コードはテキストエディターで書くことができます。テキストエディターには数多くの種類があり、多くが無料で入手できます。Windowsの「メモ帳」は、OSに付属しているテキストエディターです。もちろん「メモ帳」でもプログラムは書けますが、テキストエディターは他にも、プログラミングに便利な機能を搭載した

ものが多くあります。たとえば、「サクラエディタ」や「Sublime Text」や「Visual Studio Code」などです。プログラミングをするには、そういったプログラミング用のテキストエディターを使うとよいでしょう。

プログラムの拡張子

プログラムのテキストファイルの拡張子は「.txt」（Windowsのテキストファイルの標準的な拡張子）ではなく、Pythonなら「.py」など言語の種類によって異なるのですが、テキストファイルと同様に、テキストエディターで開いて編集できます。

書いたコードを実行する環境も欠かせない

　ただし、テキストエディターだけだと、コードを書くことはできても、実行することはできません。書いたコードを実行するには、インターネットから専用のソフトをダウンロードするなどして、別途用意する必要があります。そのような実行するためのソフトを「実行環境」と呼びます。macOSやLinuxには、一部の言語を実行するソフトが最初から備わっている場合もあります。最初から備わっていない言語を使いたい場合、こちらは初心者が用意するには少々ハードルが高いと言えるでしょう。

　なお、Webページのプログラム開発に用いるJavaScriptについては、HTML／CSSも含め、Webブラウザーで実行できます。そのため、テキストエディターとWebブラウザーさえあれば、すぐにプログラミングを始められます。

● 図2-3-1：テキストエディターと実行環境を用意

第2章

■ テキストエディターと実行環境などがワンセットになった「IDE」

　テキストエディターと実行環境を別々に用意するのもよいのですが、オススメは「IDE」（統合開発環境）を使う方法です。
　IDEとは、

・テキストエディター
・実行環境
・コードの間違いをチェックするためのツール（専門用語で「デバッガ」）
・プログラムのファイル管理機能

などが1つになったソフトです。インターネットからダウンロードするだけで、プログラムを書いて実行したり、誤りをチェックしたりするなど、プログラミングに必要なツール一式をまとめて用意できます。
　しかも、IDEに搭載されているテキストエディターはプログラミング専用のもので、さまざまな便利機能が用意されています。たとえば、コードに記述すべき語句を、最初の何文字か入力すれば、残りは自動で補完してくれる機能です。長いスペルの語句でも、少ない手間によって短時間で効率よく入力でき、なおかつ、スペルミスの心配もなくなります。
　IDEはほとんどが無料です。IDEは何種類かあり、同じ言語やプラットフォーム向けでも、たいていは複数から選べます。

■ 新しいツールより定番ツールを使おう

　IDEをはじめ開発環境のツールは、新しいものが年々登場していますが、初心者は定番ツールを使うことをオススメします。IDEの定番ツールには、

・Eclipse（Javaの定番）

・Visual Studio（C#によるWindowsアプリ開発など）
・Xcode（iOSアプリ開発で必ず使う）
・Android Studio（Androidアプリ開発で人気）

などが挙げられます。下図はXcodeの画面の例です。

● 図2-3-2：Xcodeの画面

　登場したばかりの最新のツールは情報が乏しかったり、不具合がいくつも残っていたりするなど、初心者がつまずく要因が多くあります。それに対して定番ツールは、古くからあって今でも多くのプログラマーに使われているツールです。情報が多く、不具合も出尽くしているなどの理由から、初心者がスムーズにプログラミングを行えます。

4 画像などの素材を揃える

> **POINT!**
> - 画像やテキストはコードを書く前に用意しておく
> - データベース、ライブラリ、フレームワークなどの"ありもの"も積極的に活用しよう

■ 必要な画像やテキストを用意しておく

　開発環境を決めたら次は、「【STEP4】画像などの素材を揃える」です。

　素材とはたとえば、画面上に表示するボタンの画像などです。スマートフォン／タブレットのアプリをはじめ、プログラムの操作画面を構成する要素に、画像ファイルが使われているケースはよくあります。画像はイラストや写真であり、JPEGやPNGといった一般的な形式のファイルです。

　素材には、画像の他にテキストも含まれます。メニューやメッセージなどの短い文言、説明などの文章といったテキストも、作りたいプログラムに応じて用意しておきます。

　また、たとえばショッピングサイトのプログラムを作るなら、商品名などのテキストに加え、価格などの数値のデータも素材として必要になります。

4 画像などの素材を揃える

● 図2-4-1：【STEP4】画像などの素材を揃える

商品画像などの写真

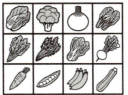
画像ファイル

ボタンなどの画像

テキスト

```
2000円以上で送料無料
初めての方へ
ヘルプ
お問い合わせ
会員登録
ポイント確認
```
メニューの文言など

データ

白菜	¥397
ブロッコリー	¥117
新タマネギ	¥177
小松菜	¥197
ほうれん草	¥89
水菜	¥177
チンゲン菜	¥107
カブ	¥297
ニンジン	¥275
グリーンピース	¥127
スナップエンドウ	¥97
ズッキーニ	¥97

価格の数値など

"ありもの"も積極的に利用しよう

　言語とプラットフォームに加えて、どんな"ありもの"を利用するのかも、あらかじめ決めるケースがよくあります。"ありもの"とは、別のプログラマーが過去に作ったプログラムの"部品"のようなものです。

　誰もがよく使うような汎用的な機能はたいてい、誰か優秀なプログラマーたちによってすでに作られており、「誰でも使っていいよ！」と再利用可能なかたちで公開されています。まさに先人の知恵と言うべき、ありがたいものです。

　たとえば、スマートフォンでオンとオフを切り替えるスイッチのパーツなどは、スマートフォンの標準の"ありもの"です。

　標準ではない"ありもの"も、さまざまな種類のものがあり、最近では画像内の顔を認証するなど、高度な機能の"ありもの"も用意されています。

　また、大量で複雑なデータを一元管理できる「データベース」という"ありもの"

も広く使われています。さらにありがたいことに、それらはほぼすべて無料で使えます。

　プログラムをゼロから自分1人で作り上げてももちろんよいのですが、"ありもの"で済むところはどんどん利用した方が、新たにコードを書いたり、誤りがないかチェックして修正したりする必要がないなど、より少ない労力と時間で目的のプログラムを完成させられます。そのため、世の中のプログラマーのほとんどが、"ありもの"を有効活用しています。

　なお、これらの"ありもの"は専門用語では「ライブラリ」や「フレームワーク」や「ミドルウェア」と呼ばれます。これらは一部のミドルウェアを除き、無料で利用できます。

　これらの"ありもの"も素材の一環として、現在どんなものが提供されているのか、自分は今回どんなものを使うのかなどを、プログラムを作る前に決めておくとよいでしょう。もちろん、初心者にはまだどんな"ありもの"があるのかわからないので、決めるのは難しいものです。職場や学校の先輩など周囲の詳しい人から助言してもらったり、Webサイトなどから情報を集めたりして決めます。それを繰り返す間に、知っている"ありもの"の幅も広がり、即時に決められるようになるでしょう。

　また、プログラミング言語の種類によっては、使える"ありもの"が違ってくるケースもあります。そのため、あらかじめ"ありもの"を考慮した上で開発言語を決定することもよくあります。

ライブラリ
さまざまなプログラムでよく使われる汎用的な処理などを複数集めたプログラムの部品集。複雑な処理が1行のコードで作成できるようになる（詳しくは6-5を参照）。

フレームワーク
Webアプリケーションやスマホのアプリなどを作るためのプログラムの"基本キット"。ベースとなる画面など枠組みが最初から用意され、プログラマーは指定された箇所に必要なコードを記述するだけでアプリなどが作成できる（詳しくは6-5を参照）。

5 コードを記述する

POINT!

- 見た目や機能をプログラミング言語で記述していく
- 処理速度が速く、動作が安定性に富み、機能の追加・変更がしやすいのがいいプログラム
- 操作画面の見た目については、ドラッグ操作などだけで作れるようになっている

■ 作りたい画面や機能を"命令書"に記述

　必要な素材を揃える作業まで終えたら、いよいよコードを記述します（【STEP5】）。

　ボタンなどをどの位置に表示して画面を構成するのか、どのボタンがタップされたらどのような処理を行うのかなど、目的の画面や機能をプログラミング言語によって指定していきます。

　たとえばショッピングアプリなら、「ユーザーが商品の個数を入力し、[購入する]ボタンをタップしたら、ショッピングカートに入れる」など、必要な機能をプログラミングしていきます。その際、「『ショッピングカートに入れる』は具体的に、このデータとこのデータをこう加工して、ここにまとめて保存して、あそこに送信して……」などと、データの扱い方や処理の具体的な中身を考えながら、コードを書き上げていきます。

　初心者の場合は、目的の機能を備えたプログラムをとりあえず完成させることを目指しましょう。一方、中級者以上になると、単に完成させるだけでなく、質のよいプログラムを作成することが求められるようになります。質の良いプログラムとは、処理速度が速く、動作が安定していて、後から機能の追加・変更がしやすいプログラムのことです。また、プログラムは規模が大きくなると複数人で作成することが多いため、自分以外の人にも読みやすいコードになっていることも重要です。機能は同じでも、そういった質の高いプログラムを作り上げられるかどうかが、中

級以上のプログラマーのウデの見せどころです。これらについては3章以降でもう少し詳しく解説します。

● 図2-5-1：【STEP5】コードを記述する

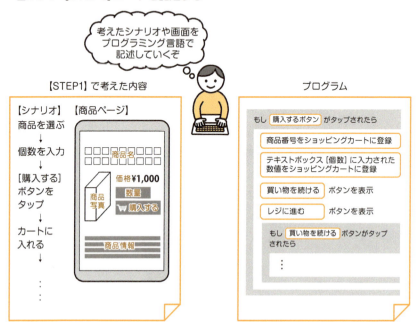

　なお、最近の開発環境では、たとえばスマホアプリの操作画面の見た目については、ドラッグ操作などだけで作れるようになっています。画面の下地の上に、必要なボタンなどをドラッグして並べていくだけで、操作画面を作れてしまいます。そのため、コードはほとんど書かなくても済みます。もちろん、配置したボタンをタップしたら、どのような動作を行うかなど、画面操作に伴う処理についてはコードを書く必要があります。

6 動作確認と修正

POINT!
- 実行してみて、エラーが出れば修正する
- 一見動作していても、正しく動作しているか確認する必要がある
- 正しく動くまで確認と修正を続ける根気強さが大事

■ ちゃんと動かなければ修正する

　プログラムが書けたら、必ず実行環境で実行してみて、ちゃんと動くかどうか確認する作業を行います（【STEP6】）。

　書いたプログラムに文法の誤りがあれば、エラーが発生して最初から動かないか途中で止まってしまい、最後まで動きません。実行環境では、エラーが発生するとたいていはエラーメッセージが表示され、プログラムのどの部分がどのように文法的に誤っているのかが表示されるので、それに沿って修正します。

　書いたプログラムに文法の誤りがなければ、最後まで動作します。動作したからといって安心してはいけません。想定した通り正しく動いているかどうかも確認する必要があります。なぜなら、プログラムの文法は正しくても、処理の内容が誤っている可能性があるからです。

　たとえば、ボタンをタップしたら「こんにちは」と画面に表示されるプログラムを作成した場合、ボタンをタップして「こんにちは」と無事表示されたら、そのプログラムの処理の内容は正しいと言えます。しかし、「こんにちは」ではなく「さようなら」と表示されたら、処理の内容は誤っていることになります。他にも、ボタンをタップしても何も表示されないなど、さまざまなパターンの誤りが考えられます。

　そのような場合、プログラムの処理の内容そのものが誤っているので、誤っている箇所を探して、想定通り動くよう正しく修正します。

　文法的な誤りにせよ処理の内容の誤りにせよ、プログラムを書くと誤りがいくつか出てしまうものです。特に初心者の間は、数多くの誤りがあるでしょう。それら

を根気強く1つ1つ修正していき、プログラムを完成させます。このようなプログラムの誤りを修正する行為のことを、専門用語で「デバッグ」と呼びます（詳しくは8-3で解説します）。

● 図2-6-1：【STEP6】動作確認と修正

　以上が、プログラミングの大きな流れです。実際にコードを記述する作業は主に【STEP5】であり、この作業に多くの時間と労力を費やすことになりますが、たいていはコードを記述するのと同程度の時間と労力を、さらにデバッグで費やすケースは多々あります。これは初心者はもちろん、中級者以上にもあてはまることです。

column
スケジュール感を知っておこう

　特に仕事でプログラミングをするとなると、要求された機能を備えたプログラムをスケジュール通りに完成させることが求められます。完成までに要するスケジュールは、作成する機能の数や複雑さなど、いくつかの要因によって決まります。実際に適切なスケジュールを自分で立てられるようになるには、ある程度の経験が必要になりますが、初心者の皆さんが先に知っておくとよいことは、「デバッグには、コードを記述するのと同じぐらいの期間を要することが多い」です。一般的にはデバッグに苦戦するケースが多いので、その作業期間を多めに見込んでおくとよいでしょう。また、他人から依頼されてプログラムを作る際は、どんな画面や機能を備えたプログラムを作ってほしいのか、ヒアリングして整理することにも、意外と多くの時間を要するので、作業期間を多めに見込んでおく必要があります。

column
完成後も面倒を見なくては

　プログラムには「一度完成したら終わり」というものはほとんどありません。使っている間に「この機能を追加したい」や「この操作は実際に使ってみたらわかりづらかったので変更したい」など、追加・変更の要望が出てくるものです。また、見逃していた誤りが発覚してデバッグを強いられたり、アップデートした最新OSに対応させるため調整したりすることなどもよくあり、完成後も何かと面倒を見ることになります。

　そういった追加・変更に対処するには当然、以前書いたコードを後から編集しなければなりません。そのためp.43で述べたように、追加・変更しやすいかたちでコードを最初から書いておくと作業が効率よく進められます。

第3章

どの言語にも共通する プログラミングの 真髄を学ぼう

1	プログラミングの"真髄"を学ぼう
2	プログラミングの真髄① ——小さな単位に分解する
3	プログラミングの真髄② ——処理の流れを制御する
4	プログラミングの真髄③ ——変数

第3章

1 プログラミングの"真髄"を学ぼう

> **POINT!**
> - どの言語にも共通するプログラミングの"真髄"というものがある
> - 真髄を学んでおくことで、言語の習得が容易になる
> - 先に真髄を学ぶと、挫折することなくプログラミングを習得できる

■ どの言語も根底にある"真髄"

7章で詳しく解説しますが、プログラミング言語にはたくさんの種類があり、文法をはじめ、向いている用途や分野など、さまざまな違いがあります。しかし、その根底には、どの言語にも共通するプログラミングの"真髄"と言うべきものがあります。

プログラミングの真髄は、仕組みや組み立て方など多岐に及びますが、中でも柱となる3つを本章で紹介します。

> ①小さな単位に分割する（組み立て方）
> ②処理の流れを制御する（仕組み）
> ③変数（仕組み）

次節から、1つずつ細かく解説していきます。

具体的に何か1つの言語を選び、その文法などを学んで、早くコードを書けるようになりたいという読者の方も多いかと思います。しかし、各言語に共通した真髄を先に学んでおくと、その後の言語の学習が大変スムーズになります。その理由をこれから説明します。

一般的にプログラミングができるようになるには、プログラミング言語の文法や使う語句などとともに、プログラミングの真髄も学ぶ必要があります。前者はプログラミング言語固有の要素で、後者はどのプログラミング言語にも共通の要素です。

プログラミング自体が未経験の初心者の場合、これらを同時並行で学ぼうとすると、学習の難易度が上がり、途中で挫折してしまう可能性が高くなります。また、両者の違いが明確に理解できず、複数の言語を習得する場合には毎回両方を学ぶことになり、学習効率も悪くなります。特に最近は、スマートフォンのアプリ開発のように主要な言語が変わったり、Web系で複数種類の言語を使い分ける必要があったりするなど、複数の言語を習得する必要に迫られるケースが多くなっています。

　ところが、先にプログラミングの真髄を学んでおくと、その後の言語の習得では言語固有の要素だけを学べばよくなるため、学習の難易度を下げられますし、複数言語を習得する場合も、習得にかかる時間を大幅に短縮できます。

　本書を読み終えても、残念ながらすぐにプログラミングができるようにはなれませんが、先に真髄を学んでおくことが、結果的には一番効率よく、また挫折することなくプログラミングスキルを習得することにつながりますので、まずはその部分を身に付けてしまいましょう。

第3章

2 プログラミングの真髄①
──小さな単位に分解する

> **POINT!**
> - プログラムを記述する前には、画面や機能を小さな単位に分解する必要がある
> - この真髄を知っておくと、オリジナルのプログラムを自力で作れるようになる
> - この真髄は、目的の機能のプログラムを作るために、事前に整理するということ

■ 作りたい画面や機能を分解してから翻訳

　真髄の1つ目は、「小さな単位に分解する」です。プログラムの組み立て方の基本になります。この真髄を知っておくと、見本がないオリジナルのプログラムを自力で作れるようになります。逆に知らないと、本やWebに載っているコードを丸写しするなど、見本があるプログラムしか作れなくなってしまいます。

　2章では、プログラミングの大きな流れとして、まず作りたいプログラムを考え、画面や機能を考えた上で、コードを記述すると学びました。

　しかし、作りたいプログラムの画面や機能を考えた後、いきなりコードを記述するのは、実は非常に難しいことです。たとえばショッピングアプリで「ユーザーが商品の個数を入力し、[購入する]ボタンをタップしたら、商品をショッピングカートに入れる」という機能を作りたい場合、どこからどう手を付ければよいかすぐには判断できません。

　そこで必要となるのが、「小さな単位に分解する」です。コードを記述する前に、作りたい画面や機能を小さな単位に分解します。そして、分解した画面や機能ごとに、コードを記述していくのです。

　先ほどのショッピングアプリの例なら、ユーザーが商品の個数を入力する機能、[購入する]ボタンを画面に配置する機能、同ボタンをタップできるようにする機能、

商品をショッピングカートに入れる機能といったように小さな単位に分解します。そして、各単位の命令文のコードを1つずつ順に記述していきます。このように小さな単位ごとに作っていくことで、目的の機能を作り上げられます。

● 図3-2-1：小さな単位に分解する

このように真髄の1つ目「小さな単位に分解する」は、プログラマーが目的の機能のコードを書けるよう、事前に整理するということになります。

さて、ここまで読んで、「小さな単位に分解する」とは、具体的にはどうやればよいのか、疑問に思った読者は多いことでしょう。それについては、5章の実際にプログラミング言語を用いた例で、具体的に説明します。

3 プログラミングの真髄②
──処理の流れを制御する

> **POINT!**
> - 処理の流れには「順次」「分岐」「繰り返し」の3種類がある
> - 順次とは、上から下へ順番に、という処理の流れのこと
> - 分岐は、処理の流れを途中で分ける仕組み
> - 繰り返しは、同じ命令文を繰り返し実行するための仕組み

■ 処理の流れは「順次」「分岐」「繰り返し」の3つ

　プログラミングの2つ目の真髄は、「処理の流れを制御する」です。コードを書く際は1-6ですでに学んだ通り、複数の短い命令文を並べるのでした。コンピューターは書かれた命令文を、指定された順番に実行していきます。この順番のことを本書では「処理の流れ」と呼ぶことにします。

　目的の機能のプログラムを作るには、意図した通りの処理の流れになるよう、コードを書く必要があります。

　処理の流れは以下の3種類が基本となります。

- 順次
- 分岐
- 繰り返し

　どのプログラムも処理の流れは基本的に、この3種類の組み合わせで作られることになります。それでは「順次」から解説していきます。

命令文が順に実行される「順次」

「順次」は、3種類の中でも基本となる処理の流れです。プログラムのコードは原則、命令文を実行させたい順に、上から並べて書いていきます。プログラムを実行すると、書かれている命令文が上から下へ順に実行されていきます。この「上から下へ順に」という流れのことを「順次」といいます。

この流れは現実の世界でも同じです。料理のレシピには調理の手順が順次に書かれていますし、道案内にはたどる道筋が順次に書かれています。言わば、人間に実行してほしい命令文が上から並べて書かれていることになります。プログラミングの順次もこれらとまったく同じことなのです。

● 図3-3-1：命令文を上から順に並べて書く

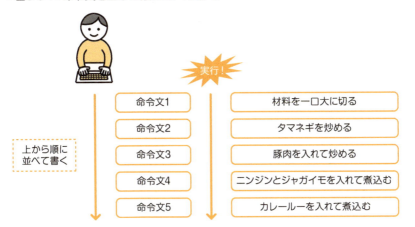

途中で処理が分かれる「分岐」

プログラムの処理の流れは、命令文が上から順に実行される「順次」がキホンですが、途中で二股に分かれることもあります。そのような処理の流れが「分岐」です。「条件分岐」と呼ばれることもあります。二股以上に分かれたり、分かれた先でさらに分かれたりもします。

第3章

　プログラムに分岐を使うと、より高度で複雑な処理が作れるようになります。分岐が使われている例の1つに、ショッピングサイトで購入金額に応じて送料を有料にするか無料にするか分ける処理があります。

　たとえば「合計4000円以上お買い上げなら送料無料！」などと、購入金額の合計が一定金額を超えれば、送料が無料になるサイトはよくあります。この例のプログラムの場合、購入金額の合計を見て、4000円以上かどうかで処理が分岐することになります。分岐した後は、それぞれ必要な処理を実行します。先ほどの例の場合、4000円以上に分岐した後なら、送料を無料にする処理を実行します。4000円以上でない方に分岐した後なら、送料を無料にする処理は実行しません。

　分岐の命令文の体裁は「もし○○なら、××する」が基本形です（"基本形"とここで言っているのは、パターンが複数あるからです。他のパターンは6-1で解説します）。たとえば先ほどの例なら、「もし購入金額の合計が4000円以上なら、送料を無料にする」という命令文になります。

　そして、どちらに分岐するのかは、指定した条件によって決まります。条件は分岐の体裁の「もし○○なら」における「○○」の部分に該当します。先ほどの例なら、「購入金額の合計が4000円以上」が条件になります。

　分岐の命令文では、指定した条件が成立するかどうかで処理を分岐します。条件の成立とは先ほどの例のケースでは、たとえば購入金額の合計が4100円なら、4000円以上になるので、条件は成立します。3900円なら、4000円以上ではないので、条件は成立しません。

●図3-3-2: 分岐

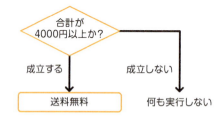

　分岐の命令文はどのように記述すればよいのでしょうか？　プログラミング言語には、分岐の命令文、および、その中に含まれる条件を記述するための語句が何種

類か用意されています。それらを組み合わせて記述します。したがって分岐の命令文は複数の語句で構成され、複数の行にわたって記述されることになります。そのイメージは次章の疑似体験で、具体的なコードは5章で学びます。

なお、本章では以降、プログラミングの専門用語がたびたび登場しますが、用語の名称をおぼえることよりも、その意味や役割、他の仕組みとの関係性を理解することを重視して読み進めてください。

用語　制御文
分岐の命令文は専門用語で「制御文」と呼ばれます。文字色を変えるなど具体的な結果が得られる処理を行うのではなく、処理の流れ（命令文が実行される順）を制御するだけの命令文になります。

同じ命令文を何回も実行する「繰り返し」

2つ目の真髄であるプログラムの処理の流れは、ここまでに登場した順次と分岐に加え、「繰り返し」があります。文字通り、同じ命令文を繰り返し実行するための仕組みになります。繰り返しは「反復」、または英語で「ループ」と呼ばれることもよくあります。

繰り返しとは一体どういった仕組みでしょうか？　どんなメリットがあるのでしょうか？

プログラムでは、同じ命令文を何度も実行したい場合がよくあります。その命令文を実行したい回数ぶんだけ複数並べて記述してもよいのですが、手間を要してしまいます。繰り返しの仕組みを使うと、同じ命令文をいくつも書かなくて済むようになります。実行したい回数が何十、何百だろうと、その命令文を書くのは1つだけであり、繰り返す回数を指定する箇所に、目的の数を指定するだけで済みます。このように命令文を実行したい回数が増えるほど、繰り返しを使うメリットは増えるのです。

●図3-3-3: 繰り返しの概念と1つ目のメリット

"後から編集"も簡単でミスなしに

　コードの見た目がすっきりわかりやすく、後から編集しやすくなるのも繰り返しを使う大きなメリットです。

　たとえば、繰り返し実行する命令文の一部を書き換えたいとします。「繰り返しを使わずにたくさん並べて書いても、大量の書き換えなら、テキストエディターの置換機能を使えばいいじゃないか！」と思った読者の方も多いかと思います。確かにそうなのですが、実際のプログラムには似たような語句が多く含まれ、機械的に一括置換してしまうと、本来置換してはいけない箇所まで置換されてしまうケースが多々あります。そのため、置換機能を使えるケースはあまり多くないのが現状です。

　その点、繰り返しを利用してプログラムを書いてあれば、何回繰り返そうと、繰り返す命令文は1つしかないので、書き換えるのは1ヵ所だけで済みます。書き換えに要する手間と時間、ミスの恐れも最小限に抑えられます。

　このように繰り返しは、使わなくてもプログラムは書けないことはありませんが、使った方がプログラムを最初に書く際も、後から編集する際も、作業の効率と精度を大幅にアップできるのです。

● 図3-3-4: 繰り返しの2つ目のメリット

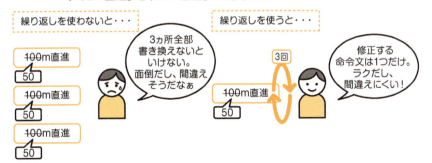

　プログラミング言語には分岐と同様に、繰り返しの命令文を記述するための語句が何種類か用意されています。分岐と同じく、複数の語句で構成され、複数の行にわたって記述することになります。

　繰り返しの命令文も分岐と同じく制御文に分類されます。繰り返しは見方を変えれば、命令文をいくつか実行した後、ある地点の命令文に戻って再び実行するといった処理の流れになります。単純に上から下ではなく、途中に戻るよう処理の流れを制御するので、制御文に分類されるのです。

　以上が、順次と分岐と繰り返しの仕組みです。どんな複雑なプログラムでも基本的に、処理の流れはこの3種類を組み合わせて作ることになります。目的の機能を備えたプログラムを作るため、3種類の処理の流れをいかに組み合わせて、その機能に必要とされる処理の流れを作れるかが、プログラマーのウデの見せどころでもあります。なお、これら基本の3種類以外に応用的な仕組みとして「関数」もあります。関数については6-4で改めて解説します。

4 プログラミングの真髄③──変数

POINT!
- 変数は、データをおぼえておき、以降の処理で使う仕組み
- 変数のデータは処理の途中で変更できる
- 変数にデータを入れることを「代入」という
- 変数に入っているデータを使うことを「参照」という

変数はプログラムに不可欠な仕組み

　プログラミングの真髄の3つ目が「変数」です。変数を使うと、より複雑なプログラムを作れるようになります。世の中にあるプログラムで変数を使ってないものはない、と言ってもよいほど不可欠な仕組みです。

　プログラムの多くは、処理の流れの中で何かしらのデータをおぼえておき、以降の処理にてそのデータを必要に応じて利用したり変更したりする必要に迫られるものです。

　たとえば、ショッピングサイトの購入金額の合計なら、現在の合計額をおぼえておき、商品をカートに追加するたびにその商品の金額を足していきます。最後にその合計額に応じて、送料無料かどうかを決めます。サッカーゲームのスコアなら、両チームの点をおぼえておき、点が入るたびにそのチームの点を増やしていきます。最後に両チームの点を比べ、勝敗を決めます。

　実はコンピューターは原則、次の命令文に進むとデータを忘れてしまいます。そこで、データを忘れないようおぼえておき、以降の命令文でも使うための仕組みである変数を用いるのです。

　さらに変数は、処理の流れの途中でデータを変更できます。ハコの中身の"数を変えられる"のが、変数という名称の由来です。数値だけでなく、文字列（テキスト）など他の種類のデータも入れて使えます。変数を用いれば、先ほど挙げた購入金額の合計やゲームのスコアのような数値を活用した処理など、より複雑なプログラムを作ることができます。

文字列
プログラミングでは、文字が並んで、単語や文章になった文字データのことを文字列といいます。たとえ1文字しかなくても文字列と呼びます。

変数はデータを入れて使う「ハコ」

　変数はザックリ言えば、"データを入れるハコ"です。使い方のイメージとしては、最初に変数というハコを用意します。次に、おぼえておきたいデータを入れます。ハコは用意した時点では空っぽの状態です。あたりまえですが、空っぽのままでは何の役にも立たないので、何かしらのデータを入れる必要があります。変数にデータを入れる処理は、専門用語で「代入」と呼ばれます。

　いったんハコに入れたデータは、以降の処理で使えます。変数に入っているデータを利用することは、専門用語で「参照」と呼ばれます。

● 図3-4-1：変数

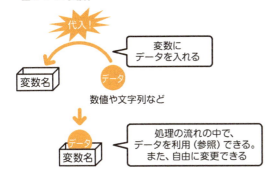

　途中でハコの中身を変更した場合、変更した後のハコも、以降の処理に続けて使えます。同じハコを処理の流れの中で、中身を入れたり変えたりしつつ、続けて使うことになります。

変数の中身を変更することも、基本的には代入で行えます。変更後の値を代入して、変数を上書きすることで、中身を変更するのです。「現在の値から1増やす」など数値を増減するにも、まったく別の値に書き換えるにも、変数の中身を変更する命令文は代入がベースとなります。また、数値の増減については、プログラミング言語によっては専用の記号を使うなど、代入以外の仕組みでも可能です。

　なお、変数というハコは名前を付けて扱います。変数の名前は専門用語で「変数名」と呼ばれます。変数名はプログラムを書く人が自分で決めることができます。なぜ変数に名前を付けるかというと、複数のハコを同時に使う際に区別できるようにするためです。

　変数を使うには、最初に用意する必要があります。変数を用意することは専門用語で「宣言」と呼ばれます。宣言のための命令文があるので、通常は処理の流れの冒頭部分で記述します。宣言の命令文は「これから○○という名前の変数を使います」といったかたちです。宣言の際には必ず変数名を指定します。

　以降は命令文の中に変数名を書けば、その変数を使うことができます。たとえば代入の命令文のイメージは、「○○に××を入れる」です。この「○○」の部分に変数名を指定し、「××」の部分にデータを指定するかたちで、命令文を記述することになります。

　言語によっては、宣言が不要です。その場合、命令文の中で変数名が初めて書かれた箇所で、その変数が自動的に用意されます。たとえば代入の命令文は「○○に××を入れる」というふうに記述するのですが、この「○○」の部分にいきなり新しい変数名を記述するだけで、用意することができるのです。

　変数を参照するには、命令文の中に変数名を記述するだけです。すると、その名前の変数に入っているデータを取り出して利用することができます。

　参照の命令文のイメージは、たとえばある変数に入っているデータを画面に表示する命令文なら、「△△を画面に表示する」であり、「△△」の部分に変数名を指定します。

■ 変数はこんな感じで使う

　たとえば、ショッピングサイトの購入金額の合計が4000円以上なら送料無料に

する、という機能をプログラミングしたければ、まずは「購入金額合計」などといった名前でハコ（＝変数）を用意します。このハコに購入金額の合計の数値を入れておぼえておきます。

　処理の流れのイメージは、1つ目の商品がカートに追加されたら、その商品の金額の数値をハコ「購入金額合計」に入れます。もし1つ目の商品が3000円なら、3000という数値を入れます。この処理では、空っぽだったハコにデータを入れたことになります。

　2つ目の商品がカートに追加されたら、今度はハコ「購入金額合計」の中身にその商品の金額の数値を足して増やします。もし2つ目の商品が1500円なら、1500という数値を足して増やします。その結果、ハコ「購入金額合計」の中身は3000＋1500によって、4500に増えることになります。この処理では、ハコの中身を変更したことになります。3つ目以降の商品も同様に処理していきます。

　買いたい商品がすべてカートに入れられたら、最後はハコ「購入金額合計」が4000円以上かどうか調べ、もし、ハコ「購入金額合計」の中身が4500なら、4000円以上とわかるので、送料を無料にします。この処理では、購入金額の合計が4000円以上かどうか調べるのに、ハコに入っているデータを利用したことになります。

　この例のように処理の一連の流れの中で、ハコ「購入金額合計」という変数をうまく使うことで、購入金額の合計が4000円以上なら送料無料にするという機能を作り上げることができました。

● 図3-4-2: 変数の活用例

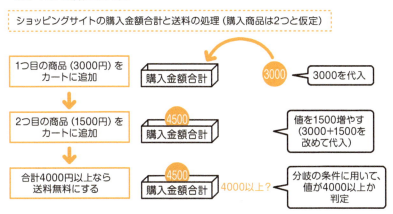

第3章

　同じ機能を他の処理手順で記述する方法としては、最初にハコ「購入金額合計」に数値の0を入れておく方法があります。そして、その後は商品がカートに追加されるたびに、その商品の金額の数値を増やします。1つ目の商品が3000円なら、ハコ「購入金額合計」の中身を0から3000に増やします。2つ目以降の商品の処理は先ほどの処理手順と同じです。

　この処理手順なら、カートに追加された商品が1つ目なのか2つ目以降なのか気にする必要がないので、よりシンプルで効率よい処理手順と言えるでしょう。処理手順は他にもいくつか考えられますが、できるだけシンプルで効率よい処理手順を採用します。

　本節では変数を学びました。キホンとして、変数はデータを入れて使うハコであること、データを入れたり変更したりするには代入、利用するには参照すればよいこと、命令文の中に変数名を記述して使うことを押さえておきましょう。

---

column

定数

　変数と似たような仕組みに「定数」があります。違いは、変数は処理の流れの中で中身のデータを自由に変更できますが、定数は宣言時に指定したデータから変更できないことです。定数は、たとえばショッピングサイトで4000という数値を「送料無料金額」という名前で宣言しておき、送料無料にするかどうかを判定するときなどに使います。コードの中に4000という数値を直接書いてもよいのですが、「送料無料金額」という定数で書くことで、どのような処理なのかが一目でわかります。

第4章

プログラミングを疑似体験しよう

1. 順次だけを使って道案内を作る
2. 順次と繰り返しを使って道案内を作る
3. 順次と繰り返しと分岐を使って道案内を作る
4. 「2つ目の角を曲がる」にプログラムを変更してみよう

第4章

 順次だけを使って道案内を作る

> **POINT!**
> ・3種類の限られた命令文を組み合わせて道案内を作ってみる
> ・正解のプログラムは何パターンかある
> ・命令文は少ない方が処理速度が速く、メンテナンスがしやすい

■ 3種類の命令文だけで道案内を書く

　前章ではプログラミングの真髄を3つ学びました。本章では真髄の2つ目の「処理の流れ」と3つ目の「変数」という仕組みを使ったプログラミングを誌面上で疑似体験してみましょう。何かしらの言語のコードを書くのではなく、疑似的な命令文のブロックを並べることで、プログラムを視覚的に作成する体験をしていただきます。

　次章でPythonを使った本格的なプログラミングを体験していただきますが、その前にあえて疑似体験するのは、いきなりPythonのコードを書くと、真髄よりも文法など言語特有の要素の方にどうしても目が向いてしまうからです。

　そこで、先に視覚的に疑似体験することで、言語特有の要素にとらわれることなく、処理の流れと変数だけに集中して理解を深めます。しかも、コードの羅列よりも、視覚的に体験した方が初心者には格段にわかりやすいというメリットもあります。なお、1つ目の真髄「小さな単位に分解」は次章で体験していただきます。

　疑似体験では最初、一番簡単な順次だけを使ってプログラムを作成します。そして、次節以降で分岐や繰り返しや変数を徐々に交えていきます。

　作成するプログラムの内容は、「道案内」です。シチュエーションは、「自宅に遊びに来ることになった友人に、最寄り駅から自宅までの道案内を行う」という設定にします。

　道案内は自宅への行き方を友人に対して命令するものと見なせるので、本質的にはプログラムと同じです。

　駅と自宅の地図は、下図の通りとします。地図の1区画は100mとします。

1 順次だけを使って道案内を作る

● 図4-1-1：駅から家までの地図

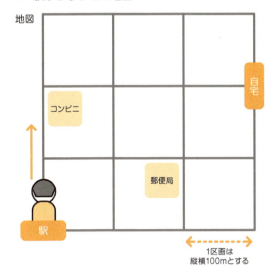

駅にいる友人は、地図の上の方向を向いています。この地図、および友人の向きを条件に、あなたは友人が駅から自宅へ迷うことなくたどり着けるよう、道案内を作成します。

1-7の「プログラムは限られた種類の命令文を組み合わせて書く」の例として、3種類に限るとします。

● 図4-1-2：3種類の命令文

ただし、同じ命令文は何度でも使えます。また、すべての命令文を必ず使わなくても構いません。以上の条件を踏まえ、3種類の命令文をどのように組み合わせ、どのように並べればよいのか、考えてみてください。

第4章

■ この指示なら自宅にたどり着ける！

　正解となるプログラムの一例は次の通りです。計6つの命令文で構成されています。

　なお、このプログラムはあくまでも正解の一例です。他の正解については、この後すぐに紹介します。

● 図4-1-3：正解プログラムの一例

| 100m直進 |
| 100m直進 |
| 右に曲がる |
| 100m直進 |
| 100m直進 |
| 100m直進 |

　駅に着いて、地図の上の方向を向いている友人は、まずは2区画ぶん直進します。2区画ぶん進みたいので、命令文「100m直進」を2つ並べて記述します。

　次は自宅のある方向を向きたいため、命令文「右へ曲がる」を1つ加えます。後は3区画ぶん直進すればよいので、その次に命令文「100m直進」を3つ並べて記述します。これで友人は迷うことなく自宅にたどり着けるでしょう。なお、「左に曲がる」は使いませんでした。

● 図4-1-4：正解の一例の道筋

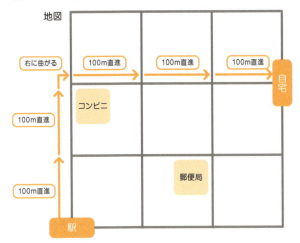

　このように3種類の限られた命令文から必要なものだけを使い、適切な数を適切な順番で並べることで、「駅から自宅への道案内」というプログラムを作ることができました。

他の道筋の道案内でもOK!

　繰り返しになりますが、先ほど挙げたプログラムは正解の一例です。他にも正解となるプログラムは何パターンか考えられます。
　先ほどの道筋は、駅を上方向に2区画ぶん直進し、右に曲がった後、3区画ぶん直進するというものでした。自宅にたどり着ける道筋および道案内は他にもあります。たとえば以下です。

● 図4-1-5: 他の正解プログラム例

```
100m直進
右に曲がる
100m直進
左に曲がる
100m直進
右に曲がる
100m直進
100m直進
```

● 図4-1-6: 他の正解例の道筋

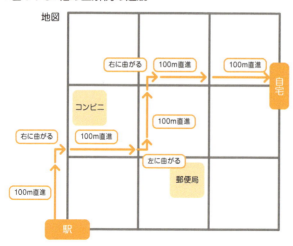

　同じく3種類の限られた命令文だけを8つ使って書いています。さらに他にも道筋および道案内はいくつか考えられます。

　このように「駅から自宅への道案内」という同じ機能のプログラムを、同じ3種類の命令文の組み合わせのみで記述しても、さまざまなかたちのプログラムが書けてしまいます。

　今回作成したプログラムにおいて、最低限クリアされていなければならないこと

は、道筋はどうであれ、必ず目的地である自宅にたどり着けることです。たどり着けなければ、そのプログラムは目的の機能を果たせていないことになります。その場合は、ちゃんとたどり着けるよう修正する必要があります。

書き方が変われば実行速度が変わる？

　ここで注目してほしいのは、先ほど同じ種類の命令文のみで、自宅へたどり着けるという同じ機能の道案内を2通り書いたのですが、書いた命令文の総数は最初の道案内が6つであるのに対し、次の道案内は8つに増えています。その内訳は、命令文「100m直進」の数は両者ともに5つですが、後者は「右に曲がる」と「左に曲がる」が1つずつ増えています。

　このような命令文の総数の違いは、プログラムの処理速度に大きく影響します。処理速度とは、プログラムの実行を開始して終了するまでの早さです。言い換えると、すべての処理が終わるまでに要する時間の短さです。たとえば乗換案内アプリで経路を検索した際、非常に短い時間で検索結果が表示されれば、処理速度の速いプログラムと言えます。

　同じ種類の命令文のみの組み合わせで同じ機能を作るなら、実行される命令文の総数が少ない方が、処理が早く終わります。つまり、命令文が8つよりも、6つのプログラムの方が処理速度が速いのです。

　その上、命令文が少ない方が、プログラム全体がスッキリします。このことは読みやすさ、さらには後から機能の追加・変更があった際の編集のしやすさにつながります。見やすさや編集しやすさは「メンテナンス性」とも呼ばれます。プログラムは処理速度とともに、メンテナンス性も重視されます。

　このように、同じ種類の限られた命令文を使っても、速くて、見やすくて、後から編集しやすいプログラムになるかどうかは、プログラムを書く人によって変わります。それこそ、プログラマーのウデの違いになるのです。

第4章

> ### column
> ### より効率的な処理手順を用いるべし
>
> 　目的の機能を作るために、どの命令文をどのように並べるのかといった処理手順のことを、専門用語で「アルゴリズム」と呼ばれます。プログラムを作る際は同じ機能でも処理速度や編集しやすさをより向上できるよう、命令文の数にムダがないなど、効率的なアルゴリズムでコードを書くことが求められます。
> 　アルゴリズムは基本的にはプログラマーが考えるのですが、たとえばデータの検索や並べ替えなど普遍的な処理については、すでに先人によって効率がよい定番のアルゴリズムが考えられているので、利用するとよいでしょう。

2 順次と繰り返しを使って道案内を作る

POINT!
- 繰り返しを使って道案内を書いてみる
- 繰り返しを使うと、プログラムをより効率的に記述でき、メンテナンス性も高まる
- 一部を自由に書ける命令文もある

■ 繰り返しも使って道案内を作る

今度は、繰り返しを使ったプログラミングを誌面上で疑似体験してみましょう。
作成するプログラムは、同じく「道案内」です。4-1で作成した駅から自宅までの道案内のプログラムと、条件や制約もまったく同じ内容とします。ただし、使える命令文には、繰り返しが追加されます。

● 図4-2-1：使える命令文

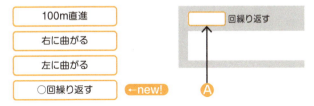

繰り返しの命令をブロックのかたちで描き表すと、上記のように逆コの字型となります。ブロックの中には、繰り返す命令文を書いていき、命令文はいくつでも書くことができます。そして、ブロックの始まりのAの部分には、繰り返す回数の数値を自由に指定できます。

なお、本節の繰り返しのブロックの終わりの部分は、文字は何も書かれていませんが、たいていのプログラミング言語では何かしらの文字や記号などによって、繰り返しの終わりを記述します。

第4章

　これら4種類の限られた命令文を使って、また処理手順を考えてみてください。その際は、繰り返しをうまく使って、なるべくスマートな（同じ命令文が書かれている数が少ない）プログラムになるよう心がけてみてください。

■「100m直進」が2つだけになった！

　正解となるプログラムの一例は、次の通りです。

● 図4-2-2: 正解プログラムの一例

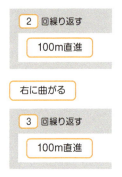

　このプログラムでは、命令文「右に曲がる」の前後にて、繰り返しを計2つ使っています。1つ目の繰り返しでは、2区画ぶん進みたいので、命令文「100m直進」を2回繰り返しています。2つ目の繰り返しでは、3区画ぶん進みたいので、命令文「100m直進」を3回繰り返しています。

　4-1のプログラムでは、命令文「右に曲がる」の前後にて、命令文「100m直進」を進みたい区画の数だけ並べました。一方、上記のプログラムでは、進みたい区画の数だけ、命令文「100m直進」を繰り返している点が大きな違いです。

　すると、命令文「右に曲がる」の前後にて、命令文「100m直進」を記述するのは、計2回で済みます。そのため、プログラムはより少ない手間と時間で効率的に記述でき、なおかつ、メンテナンス性も高められます。駅から自宅への道案内という機能は4-1のプログラムと何ら変わりませんが、プログラミングの作業の効率性やメンテナンス性は4-1に比べて、大幅に優れたプログラムになるでしょう。

また、本節と4-1のプログラムでは、命令文「100m直進」の記述される数は異なりますが、実行される回数はともに同じ5回であることもポイントです。書き方が違うだけで、処理の内容そのものは同じです。命令文が実行される回数も同じであるため、処理速度も同じです。このように命令文が記述される数と実行される回数は、必ずしも一致しないことも理解しておきましょう。

●図4-2-3：「100m直進」が5つから2つに減った！

一部を自由に書ける命令文もある

　本節で登場した繰り返しの命令文では、繰り返す回数の数値を自由に書くことができました。実際のプログラミング言語でも、このように一部を自由に書くことができる命令文がいくつかあります。これまで何度も、「限られた命令文の組み合わせのみで書く」と述べてきましたが、その限られた命令文の中には、一部を自由に書けるものがあるのです。その具体例や繰り返しの命令文以外での仕組みなどは次節以降で順次解説します。

第4章

column
処理速度が速いプログラムって？

　4-1の疑似体験にて、「プログラムの処理速度は実行される命令文の総数が少ない方が速い」と解説しましたが、具体的にコードはどう書けばよいのでしょうか？　方法は何通りかあるのですが、ここではその1つとして「1回実行すれば済む命令文を何度も実行しない」という方法を紹介します。

　たとえば、変数1と変数2の値を足して変数3に代入し、画面に変数3の値を5回表示するプログラムを作るとします。5回表示するので、繰り返しを使います。ここで、次のようなコードを書いたとします。

```
5回繰り返す
    変数1と変数2の値を足して変数3に代入
    変数3を画面に表示
```

　実は上記は処理速度が遅い書き方です。変数3の値を1回画面に表示するたびに、変数1と変数2の値を足して変数3に代入する命令文が実行されるからです。この代入の命令文は、繰り返しの前に1回実行するだけで目的の機能を作れます。そこで次のように修正します。

```
変数1と変数2の値を足して変数3に代入
5回繰り返す
    変数3を画面に表示
```

　命令文が実行される総数は、修正前は計10回（命令文2つ×5回）ですが、修正後は計6回（命令文1つ＋命令文1つ×5回）に減るので、処理速度がより速くなります。

　また、命令文の中にはファイル操作やネットワークアクセスなど、1つ実行するだけでも多くの時間がかかる種類のものがあります。そのような命令文を必要以上に何度も実行するコードを書いてしまうと、処理速度が大幅に低下するので注意しましょう。

column
追加・変更しやすいプログラムって？

　すでに述べた通り、プログラムにおいては後から機能を追加・変更する際の編集しやすい（メンテナンスしやすい）プログラムを作成することが求められます。メンテナンス性の高いコードを書く方法はいくつかあり、定番は6-4で解説する関数による部品化です。他に、変更しやすくする方法の定番として定数（p.64）があります。

　コードを書いていると、同じ数値や文字列が何度も登場するケースがよくあります。たとえばExcel VBAならワークシート名などです。そういった何度も登場する文字列や数値を定数として宣言しておき、今までその数値や文字列を直接記述していた箇所はすべて、その定数名を記述するようにします。

　そのように共通する数値や文字列をまとめておけば、もし数値や文字列に変更があっても、定数を宣言する命令文を書き換えるだけで済みます。もし定数でまとめていなければ、数値や文字列を直接記述していた箇所すべてを書き換えなければなりません。このように定数を使うと、変更に要する時間と手間を大幅に減らすことができ、なおかつ、変更ミスの恐れも最小化できます。

　なお、変数の場合も同様に、何度も登場する文字列や数値をまとめることができます。違いは、変数は誤って別の値を代入するコードを書いてしまう恐れがあるぐらいです。なお、Pythonのように定数そのものが使えない言語もあります。

第4章

column
処理手順も手書きでいいので、見える化しよう

　プログラムを作成する際は通常、目的の処理を作るために、どのような制御文や変数をどう使えばよいかなど、処理手順を考えてからコードを記述します。初心者は頭の中だけで考えようとしても、正しい処理手順をなかなか思いつかないものです。そこで、紙に手書きでも十分なので、図で表すなどして見える化するとよいでしょう。頭の中が整理されて、正しい処理手順を考えやすくなります。4-1では、作りたいプログラムを考える際に画面の構成や操作方法などを見える化するとよいと解説しましたが、処理手順も同様です。

　処理手順を表す図は「フローチャート」（ひし形などの図形と矢印線で表す手法）が定番ですが、本章で疑似体験したブロック風など、自分がわかりやすいスタイルで構いません。

●図4-2-4：フローチャート

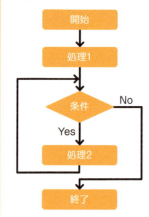

3 順次と繰り返しと分岐を使って道案内を作る

POINT!
・分岐と繰り返しを使って道案内を書いてみる
・分岐も使うと、条件に応じて異なる処理を実行できる

■ 同じ機能を分岐も使って書いてみよう

次に、少々難しくなりますが、同じ道案内の機能を分岐も交えてプログラミングしてみましょう。

先ほどのプログラムでは、命令文「100m直進」が1回目と2回目の繰り返しにそれぞれ登場しました。つまり、同じ命令文「100m直進」が2回登場していることになります。1回目と2回目の繰り返し自体も似たような処理手順です。重複した記述がいくつかあり、ゴチャゴチャして見やすさに欠けたプログラムであると思いませんか？　見やすさに欠けていると、後から機能を追加・変更する場合に、編集しづらくなってしまいます。

そこで、命令文「100m直進」が登場するのは1回のみにして、なおかつ、繰り返しも1つに統合することで、重複のないプログラムに書き換えてみます。

書き換えに際して、新たに分岐の命令文「もし△△なら□□」を加えます。

● 図4-3-1：使える命令文

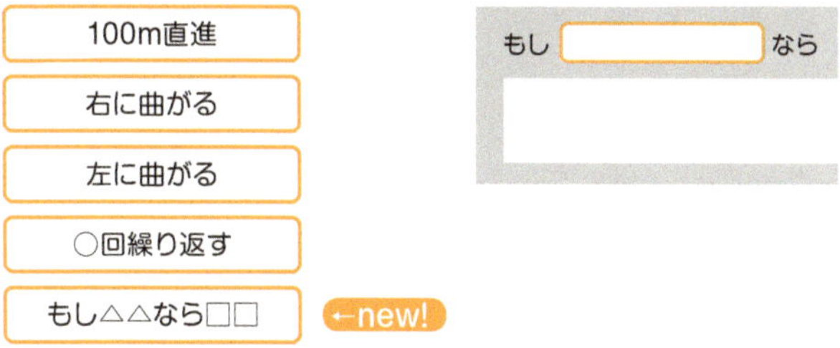

| 100m直進 |
| 右に曲がる |
| 左に曲がる |
| ○回繰り返す |
| もし△△なら□□ |　←new!

もし ＿＿＿ なら

第4章

　分岐の条件については、今回は建物を目印に、「もし道の角（交差点）に指定した建物があれば」という内容にします。地図を見ると、建物はコンビニと郵便局があります。

● 図4-3-2：駅から家までの地図

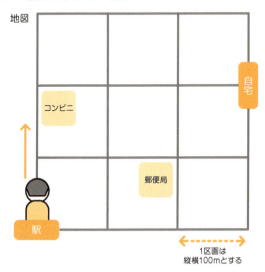

　駅から自宅までの道案内を考えた場合、コンビニの方がよりわかりやすそうです。「駅から出て直進し、コンビニの角を右に曲がって〜」と案内した方が、郵便局で説明するよりも、より明確に案内できます。

　それでは、条件にコンビニを使った分岐の命令文を用いて、さらには命令文「100m直進」が登場するのは1回、使う繰り返しも1つのみという制約のもと、道案内のプログラムはどのように書けばよいでしょうか？

　処理手順はいろいろ考えられますが、「〜コンビニの角を右に曲がって〜」の道筋を改めて見てみると……、駅から上方向に2区画ぶん直進すると、コンビニの角に着きます。その地点で右に曲がり、3区画ぶん直進すれば自宅に到着できます。この道筋を整理すると――

・100m直進するのは計5区画ぶん
・角にコンビニがあれば右に曲がる

――とわかります。この整理した結果をもとにプログラムを考えていきましょう。まず、100m直進するのは計5区画ぶんなので、命令「100m直進」を5回繰り返せばよいとわかります。まずはここまでのプログラムを書いてみます。

● 図4-3-3：ここまでのプログラム

繰り返しの命令文「〇回繰り返す」を使い、回数には5を指定します。その中の繰り返す処理には、命令文「100m直進」を1つ記述します。これで「100m直進」を5回繰り返すことになります。

コンビニを右に曲がるには？

続けて、角にコンビニがあれば右に曲がるには、どうすればよいか考えましょう。方法は何通りか考えられますが、1区画ぶん直進するたびに、角にコンビニがあるかチェックし、もしあれば右に曲がればよいでしょう。

その処理には、分岐の命令文を使います。角にコンビニがあれば右に曲がりたいので、条件は「角にコンビニがある」と指定すればよいことになります。この条件が成立するとき、命令文「右に曲がる」を実行するようプログラムを書けば、角にコンビニがあれば右に曲がることが可能になります。

以上を踏まえると、次のように書けばよいとわかります。

● 図4-3-4：分岐の命令文の部分

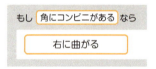

　この分岐の命令文は、最初に考えた5回繰り返す命令文の中で、一体どこに書けばよいでしょうか？
　先ほど、「1区画ぶん直進するたびに、角にコンビニがあるかチェックし、もしあれば右に曲がればよい」と考えました。このことから、1区画ぶん直進した後に、分岐の処理を実行すればよいとわかります。しかし、1区画ぶん直進する処理の命令文は繰り返しの中にあります。しかも、「1区画ぶん直進するたびに」なので、分岐の処理は繰り返し行う必要があります。以上を踏まえると、分岐の処理は繰り返しの中に入れて、なおかつ命令文「100m直進」のすぐ下に書けばよいことになります。

● 図4-3-5：分岐の命令文の場所

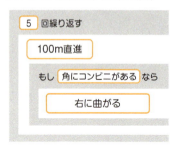

　これで目的のプログラムは完成です。繰り返しの中には大きく分けて、100m直進する命令文と分岐の命令文という2つが順次で記述されています。この2つの命令文のセットが5回繰り返されることになります。分岐の処理では、条件が成立するときは右に曲がり、成立しないときは何も実行しません。

● 図4-3-6: プログラムの構造

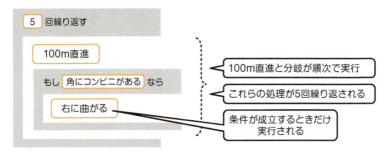

　なお、分岐のブロックも繰り返しと同じく、逆コの字のようなかたちをしています。条件が成立する場合の処理を書く部分を「もし〜なら」の部分でサンドイッチしたかたちとしています。実際のプログラミング言語でも、分岐はこのようなサンドイッチ型の構造になっています。分岐の終わりの部分は、本節のブロックでは何も書かれていませんが、たいていのプログラミング言語では何かしらの文字や記号などによって、分岐の終わりを記述します。

　また、分岐のブロックでは、条件の部分はすべて自由に書けるようにしてありましたが、実際のプログラミング言語では、条件の部分も限られた語句の組み合わせで記述することになります。不等号などの記号を使って、式の形式で条件を書きます。

実行した際の処理の流れを追ってみる

　このプログラムを実行するとどうなるか、はたして無事に自宅にたどり着けるのか、シミュレーションしてみましょう。プログラムの動作確認を疑似体験するとともに、分岐や繰り返しを使って書いたプログラムを実行したら、どのように処理が流れていくのか順に追っていくことで、それぞれの処理の理解を深めましょう。以降は、<図4-3-7>と照らし合わせながらお読みください。

● 図4-3-7: 実行した際の処理の流れ

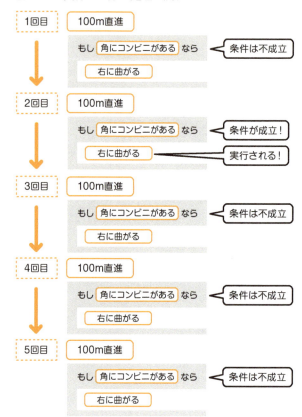

3 順次と繰り返しと分岐を使って道案内を作る

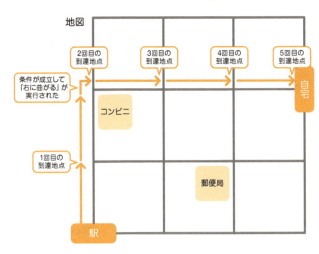

　プログラムを実行すると、命令文が上から順に実行されるのでした。このプログラムはいきなり繰り返しがあるので、繰り返しの中に入って、中の処理が実行されます。

　繰り返しの1回目では、最初に命令文「100m直進」が実行され、上方向に1区画ぶん進みます。続けて、その下の分岐の命令文が実行されます。条件の「角にコンビニがある」をチェックすると、1区画ぶん進んだ先の角にはコンビニはないので、条件は成立しません。そのため、分岐の中には入らず、何も実行されません。1回目の繰り返しはこれで終わりです。

　次は2回目の繰り返しです。1回目と同じく、最初に命令文「100m直進」が実行され、上方向に1区画ぶん進みます。続けて分岐の命令文で、条件のチェックが行われます。1区画ぶん進んだ先の角にはコンビニがあるので、条件が成立します。分岐の中に入り、命令文「右に曲がる」が実行されます。2回目の繰り返しはこれで終わりです。

　次は3回目の繰り返しです。最初に命令文「100m直進」が実行されますが、3回目の繰り返しの際、右に曲がっているので、地図上では右方向に1区画ぶん直進することになります。続けて、分岐の命令文が実行されます。今度は角にコンビニがないので、条件は成立せず、処理は何も実行されません。

　4回目と5回目の繰り返しも3回目と同様に、進んだ先にコンビニはないので、右方向に1区画ぶん直進するだけです。そして、5回目の繰り返しが終わると、自宅に到着し、正しく動作するプログラムになっていることがわかりました。

第4章

「2つ目の角を曲がる」にプログラムを変更してみよう

POINT!
・変数を使って道案内を書いてみる
・変数で角の数をカウントする
・変数に最初に値を入れる処理を、初期化という

■ 4つの新たな命令文も使って変更する

　最後に、さらに難易度が上がりますが、これまでと同じ道案内のプログラムを、変数を使って作成してみましょう。4-3で使った分岐も続けて使いますが、今回は分岐の条件を「もし2つ目の角だったら」という内容に変更します。

　では、「2つ目の角だったら」という条件が成立しているかどうかは、どうやって判定すればよいでしょうか？

　そこで新たに必要になるのが、プログラミングの3つ目の真髄である「変数」です。変数名は「角の数」とします。その変数を使い、角がいくつあったのか数え、その数が格納される仕組みにし、その変数を参照することで「2つ目の角かどうか」を判定するのです。

　4-3の疑似体験で作成したプログラムは、以下でした。

●図4-4-1：4-3のプログラム

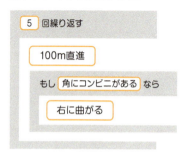

4 「2つ目の角を曲がる」にプログラムを変更してみよう

　この分岐の条件「角にコンビニがある」を、「2つ目の角」といった意味の条件に、変数を利用して書き換える必要があります。そして今回、使える命令文には以下の4つを追加します。

● 図4-4-2: 使える命令文

```
[ 100m直進 ]
[ 右に曲がる ]
[ 左に曲がる ]
[ ○回繰り返す ]
[ もし△△なら□□ ]
[ 変数「××」を用意 ]          ←new!
[ 変数「××」に●を入れる ]    ←new!
[ 変数「××」を●増やす ]      ←new!
[ 変数「××」が●と等しい ]    ←new!
```

　変数を使うには、命令文「変数「××」を用意」によって事前に用意しなければならないプログラミング言語を使っていると仮定します。「××」の部分には変数名、「●」の部分には数値を自由に記述できます。「●」は各命令文で同じ数値を記述する必要はありません。

　以上を前提に、プログラムをどう書き換えればよいか、順に考えていきましょう。

■ まずは変数「角の数」を用意

　2つ目の角かどうか調べるには、100m直進するたびに、変数「角の数」の値を1増やすことで、角がいくつあったのか数えます。変数「角の値」が2になったら、2つ目の角であるとわかります。

　まずは、角の数を入れて使う変数を用意しましょう。

　変数は名前(変数名)を決める必要があるのでした。変数名は何でもよいのですが、

今回は「角の数」とします。命令文「変数「××」を用意」の「××」の部分にあてはめると、以下になります。

● 図4-4-3：変数の宣言

  変数「角の数」を用意

この命令文をプログラムの冒頭に追加します。

● 図4-4-4：プログラムに宣言を追加

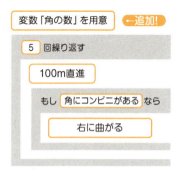

これで「角の数」という名前のハコ（変数）を用意できました。

変数「角の数」を1増やす処理を追加

　角の数は100m直進するたびに「1つ目、2つ目……」と増やすことで、現在いくつ目の角にいるのか知りたいのでした。ということは、100m直進するたびに変数「角の数」の値を1増やせば、知ることが可能となります。
　変数「角の数」の値を1増やす処理は、命令文「変数「××」を●増やす」を用いて記述します。「××」の部分には変数名の「角の数」、「●」の部分は1増やしたいので1を指定します。すると、以下になります。

4 「2つ目の角を曲がる」にプログラムを変更してみよう

● 図4-4-5：追加する処理

> 変数「角の数」を1増やす

この命令文はどこに追加すればよいでしょうか？ 命令文「100m直進する」は繰り返しの中にあるのでした。100m直進するたびに変数「角の数」の値を1増やしたいので、先ほど考えた命令文「変数「角の数」を1増やす」は、命令文「100m直進する」の後に追加すればよいとわかります。

● 図4-4-6：処理を追加

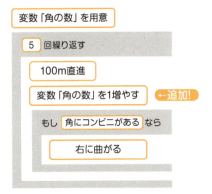

これで、100m直進するたびに、変数「角の数」が1ずつ増えるようになりました。

🟧 分岐の条件を書き換えよう

次は分岐の条件を考えます。2つ目の角かどうか調べるように変更したいのでした。角の数は変数「角の数」によって数えています。その数が2と等しければ、2つ目の角であるとわかります。

そのような条件は命令文「変数「××」が●と等しい」で作れそうです。「××」の部分には変数「角の数」の変数名を指定します。「●」の部分は2と等しいか調べたいので、2を指定します。

以上を踏まえると、条件は次のように記述すればよいことになります。

● 図4-4-7: 追加する処理

　変数「角の数」が2と等しい

既存の条件をこの条件に変更して置き換えます。

● 図4-4-8: 書き換えたプログラム

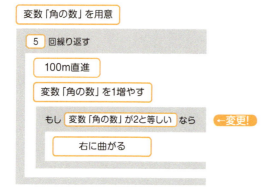

これで、2つ目の角に到達したら、右に曲がれるようになりました。

■ 変数「角の数」の初期化も忘れずに

　さて、目的のプログラムは完成したように思えますが、実は必要な処理が1つ欠けており、このままではうまく動きません。読者の皆さんの中には、もしかしたら気づいた方がいるかもしれません。気づいた方は素晴らしいです!!
　変数は宣言して用意しただけでは何も入っておらず、データを入れなければ（代入）、空っぽのままです。現在のプログラムでは、変数「角の数」は宣言した後、命令文「変数「角の数」を1増やす」まで登場しません。その間にデータを代入する処理はないため、変数「角の数」は空っぽのまま、1増やす処理が行われます。
　1増やす処理では、変数の現在の値を1増やすのでした。空っぽなのに1増やそうとすると、おかしくなってしまいます。
　そこで変数「角の数」を1増やす前に、データを入れてやります。どのような数値

4 「2つ目の角を曲がる」にプログラムを変更してみよう

を最初に入れればよいでしょうか？

　変数「角の数」を1増やす命令文は、繰り返しの中にある命令文「100m直進する」の後にあります。

　そうなると、変数「角の数」に最初に入れておく数値は0がよいことになります。なぜなら、駅から100m直進して1つ目の角に来た際、変数「角の数」を1増やしたら、1になるような数値を最初に入れておく必要があるからです。

● 図4-4-9: 変数「角の数」に0を入れておく必要あり

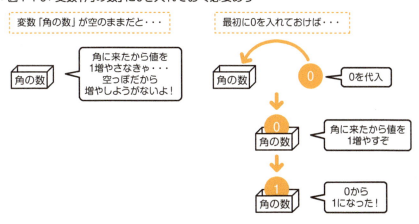

　それでは、変数「角の数」に数値の0を最初に入れる処理を追加しましょう。その命令文は「変数「××」に●を入れる」を使えばできそうです。「××」には変数「角の数」の変数名を指定します。「●」には0を入れたいので0を指定します。

● 図4-4-10: 追加する処理

> 変数「角の数」に0を入れる

　この命令文はどこに追加すればよいでしょうか？

　変数「角の数」は最初に0を入れておきたいのでした。それならば、変数「角の数」を用意した直後がよいでしょう。よって、宣言する命令文の下に追加します。

●図4-4-11：変更したプログラム

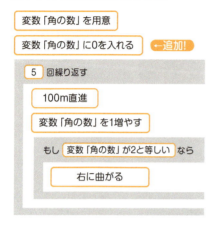

これで変数「角の数」に0を最初に入れる処理を追加できました。

ここで追加した処理のように、用意した変数に何かしらの値を最初に入れる処理は、専門用語で「変数の初期化」と呼ばれます。

実行した際の処理の流れを追ってみる

このプログラムを実行するとどうなるか、はたして無事に自宅にたどり着けるのか、シミュレーションしてみましょう。以降は＜図4-4-12＞と照らし合わせながらお読みください。

4 「2つ目の角を曲がる」にプログラムを変更してみよう

● 図4-4-12：処理の流れ

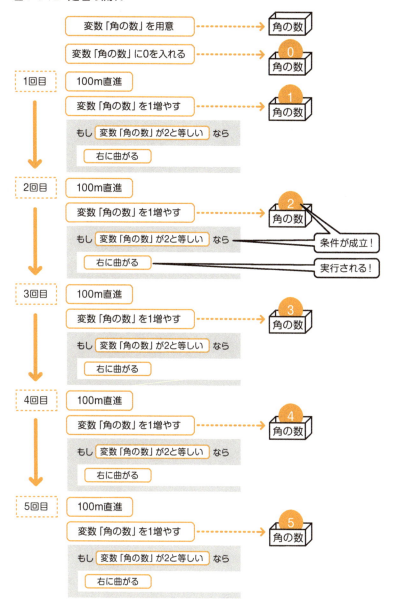

第4章

　プログラムを実行すると、命令文が上から順に実行されるのでした。最初は命令文「変数「角の数」を用意」が実行され、変数「角の数」が用意されます。この時点では変数の中身は空です。次は命令文「変数「角の数」に0を入れる」が実行され、変数「角の数」に数値の0が代入されます。

　その次は繰り返しの命令文「5回繰り返す」であり、繰り返しの中に入ります。1回目の繰り返しでは、最初に命令文「100m直進」が実行され、1区画ぶん移動します。

　次の命令文は「変数「角の数」を1増やす」です。変数「角の数」の値はこの時点では0でした。そのため、命令文「変数「角の数」を1増やす」が実行されると、0から1増えて、値は1に変化します。

　その次の命令文は分岐の「もし　変数「角の数」が2と等しい　なら」です。条件の「変数「角の数」が2と等しい」のチェックが行われます。変数「角の数」の値はこの時点で1なので、2と等しくありません。そのため、この条件は成立しません。よって、分岐の中には入らず、何も実行されません。

　1回目の繰り返し処理はこれで終わりです。続けて、2回目の処理が始まります。1回目と同じく、最初に命令文「100m直進」によって、1区画ぶん移動します。

　次の命令文は「変数「角の数」を1増やす」です。変数「角の数」の値はこの時点では1になっています。繰り返しの1回目で0から1に増やしたためです。したがって、命令文「変数「角の数」を1増やす」が実行されると、値は1から1増えて2に変化します。

　その次は命令文「もし　変数「角の数」が2と等しい　なら」であり、分岐の条件のチェックが行われます。変数「角の数」の値は現時点で2でした。すると、条件「変数「角の数」が2と等しい」は成立します。よって、分岐の中に入り、命令文「右に曲がる」が実行されます。

　続けて、3回目の繰り返しの処理が始まります。最初に命令文「100m直進」によって100m直進します。

　そして、1～2回目と同じく、命令文「変数「角の数」を1増やす」が実行され、変数「角の数」が1増やされ、値が2から3に変化します。次の命令文「もし　変数「角の数」が2と等しい　なら」では、条件は成立しないため、中の処理は実行されません。

　以降、4～5回目の繰り返しも3回目と同じ流れで処理が行われます。その結果、

右に曲がってから、3区画ぶん直進し、自宅にたどり着くことができます。

　いかがでしょうか。少し難易度の高いプログラムでしたが、無事に完成させることができました。

　これで、命令文のブロックを使ったプログラミングの疑似体験は終わりです。3つのプログラム作成を体験する中で、3章で学んだ順次、分岐、繰り返しといった処理の流れと変数について、より具体的なイメージができたのではないかと思います。

　次の5章では、いよいよPythonを使ってプログラミングを行います。

第5章
Pythonでカンタンな
プログラミングを体験しよう

1. Pythonの開発環境を用意しよう
2. 「数あてゲーム」の機能紹介と分解・整理
3. とりあえず文字列を表示してみよう
4. 1～3のランダムな整数を生成
5. プレーヤーが数を入力できるようにしよう
6. あたり／はずれを判定する
7. 数あてを5回繰り返す
8. 得点を付けられるようにしよう
9. 何回目のチャレンジか表示する

第5章

1 Pythonの開発環境を用意しよう

POINT!
- Anacondaというパッケージをインストールする
- 実際のプログラミングはAnacondaに入っているSpyderを使う

■ Pythonでプログラミングを体験！

　本章では、実際にプログラミング言語を用いて、簡単なプログラミングを体験します。プログラミングの学習は、とにかく自分の手を動かしてコードを書いてみることが大切です。そして、書いたコードを実行して、「こんなコード（命令文）を書いたらこんな実行結果が得られた」と実感することで身に付いていくものです。また、プログラミングの楽しさも実際に書いて実行した方がより味わえます。加えて、3章で学んだプログラミングの3つの真髄も具体例を使って体験できるので、ぜひとも挑戦してみましょう。

　作成するプログラムは「数あてゲーム」です。簡単とはいえ、順次と分岐と繰り返しをはじめ、プログラミングの基礎をほぼ網羅した、内容の濃いプログラムとなっています。

　使用する言語は、Pythonです。7章でも触れますが、汎用性の高さなどから人気が高い言語であり、文法も容易なので初心者にピッタリです。まずは、2章の「プログラミングの大きな流れ」で解説した通り、Pythonの開発環境を用意します。プログラミング自体は5-3から取り組みます。

　本章では以降、開発環境の用意やIDE（統合開発環境）の操作の方法、Pythonの文法や約束ごとなどがいくつか登場しますが、そういった細かいことは今すぐおぼえる必要はありません。

　この時点では、実際のプログラミングの進め方や雰囲気を味わえればOKです。細かいことをおぼえていくのは、本書を読み終わった後、Pythonのプログラミングに本格的に挑戦すると決めてからで問題ありません。

Python環境を「Anaconda(アナコンダ)」で準備する

あたりまえの話ですが、Pythonのプログラムを作成するには、何はともあれ、Pythonの開発環境を用意する必要があります。

Pythonの開発環境は何種類かあります。同じ言語でも、IDEの種類などの違いによって、開発環境は異なります。

今回は、「Anaconda」というパッケージを利用します。AnacondaはPythonの本体(記述したPythonのコードを実行するためのソフトウェア)に加え、IDE「Spyder(スパイダー)」といった開発ツールなどが含まれたパッケージです。インストールも簡単であり、初心者にオススメです。

以下、Windows版のAnacondaをWindows 10へインストールする大まかな手順を紹介します。他のバージョンのWindowsやMacでも、ほぼ同じ手順でインストールできます。

まずはAnacondaのインストーラーを入手します。Anacondaの公式Webサイトのダウンロードページ(下記URL)にアクセスします。

「Anaconda 2019.10 for Windows Installer」の下にある「Python 3.7 version」の[Download]ボタンをクリックします(「2019.10」や「3.7」は異なる数値の場合もあります)。

● 図5-1-1：Anacondaの公式Webサイトのダウンロード画面
(https://www.anaconda.com/download/#_windows)

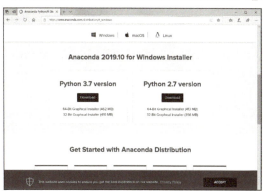

[Download]ボタンをクリックすると、64bit版がダウンロードされます。32bit版をダウンロードしたいときは、下のリンクをクリックしてください。

第5章

　実はPythonには現在、バージョンの違いによって、2.7系と3.X系という2つの系統があります。本書では、より新しい3.X系を使っていきます。

　[Download] ボタンをクリックしたら、画面の指示に従い、インストーラーをダウンロードして、任意の場所に保存します（お使いの環境によっては5分ほどかかります）。

　インストーラーをダウンロードできたら、ダブルクリックして起動します。

● 図5-1-2：インストーラーの開始画面

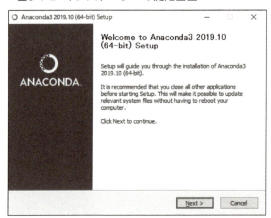

メールアドレスの入力を促すポップアップウィンドウが表示されますが、無視して閉じて構いません。ダウンロードは続行されます。

　後は画面の指示に従い、インストールしてください（環境によっては15分ほどかかります）。途中、チェックボックスなどで設定を選べるようになっていますが、すべて最初の設定のままで構いません。なお、インストール先のフォルダーを指定する過程があるのですが、上の階層を含めフォルダー名に日本語が含まれていると、うまくインストールできないケースがあるので、フォルダー名に日本語が含まれない場所を指定してください。デフォルト設定では、ユーザー名の下にあるフォルダーがインストール先に自動で設定されるので、Windowsのユーザー名を漢字などにしている場合、変更する必要があります。

　インストールが終わると、ダウンロード完了を示す画面で [Next>] ボタンをクリックすると、次のような画面が表示されます。[Finish] ボタンをクリックして、インストーラーを閉じます。

● 図5-1-3: インストール終了画面

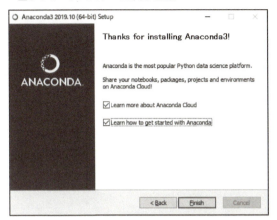

チェックボックスはオフにしても大丈夫です。[Finish] をクリックすると、Webブラウザーが起動し、サポートページとCloud登録を促すページが表示されますが、無視して閉じて構いません。

　これでPythonの開発環境を用意できました。Windowsの [スタート] メニューから、IDEの「Spyder」をクリックして起動します。実際のプログラミングはこのSpyderで行います。

Python以外の場合

Python以外のプログラミング言語でプログラミングを行う場合も、最近はほとんどの場合がインターネットから開発環境を入手できます。また、JavaScriptなら、7-3でも解説しますが、テキストエディターとWebブラウザーさえあればプログラミングでき、開発環境の用意すら不要です。

本節の情報は2020年1月時点のものです。ダウンロード先のURL、AnacondaやPythonのバージョンは変更される可能性があります。

第5章

2 「数あてゲーム」の機能紹介と分解・整理

> **POINT!**
> - 数あてゲームの内容は、コンピューターが生成した数値を人間が当てるゲーム
> - 数あてゲームの目的の機能を小さな単位に分解する
> - どういう変数をどこに使うか、あたりをつけておく

■「数あてゲーム」の機能紹介

　今回作成する「数あてゲーム」は、コンピューターがランダムな数値を生成し、プレーヤー（人間）がそれをあてる、というゲームです。多くの言語で、初心者がプログラミングを学ぶときに最初に作る、定番のプログラムです。

　プレーヤーが数あてに正解した場合は点数が加点される仕組みにし、正解の得点数を競うゲームとします。プログラムの具体的な仕様は、以下の通りです。

- 最初に「ゲーム開始！　チャンスは5回」と表示する
- コンピューターが生成する数値は1〜3の整数
- プレーヤーが行う数あてのチャンスは5回とする
- プレーヤーが予想した数値を入力し、正解なら「あたり！」と表示する。かつ、得点を1点加算する
- 不正解なら、「はずれ！正解は○です。」と表示する。※「○」は正解の数値
- 最後に「ゲーム終了。あなたの得点は●点です！」と表示する。※「●」は得点の数値

　また、上記の仕様で「表示する」や「入力する」とありますが、前者は文字列などを処理結果として画面に表示することで、後者は処理の流れの途中でユーザーが文字列や数値といったデータを入力できるようにすることです。ユーザーの入力を可能にするための専用のコードがあり、それを実行すると、いったんキーボー

ドからの入力待ち状態になり、ユーザーが入力したらそのデータを受け取って、次のコードに進むという仕組みです。この表示と入力はSpyderの「IPythonコンソール」という画面領域で行います。IPythonコンソールは、実行結果の表示やデータの入力など、さまざまな用途に使える領域です。今回作成する「数あてゲーム」は、表示も入力もIPythonコンソール上で行います。コードの記述は左側の「エディタ」という領域で行います。

● 図5-2-1：IPythonコンソール上で実行結果が表示されたSpyderの画面

その他のコンソール
Windowsならコマンドプロンプト、Macintoshならターミナルなど、OS標準のツールもコンソールとして使えます。

第5章

■ 小さな単位に分解・整理する

「数あてゲーム」をこれからPythonで作成するにあたり、3-2で学んだように、目的の機能に必要な処理を小さな単位に分解します。そして、目的の実行結果が得られるよう、順次をベースに、分岐や繰り返しも適宜交えつつ整理していきます。

「数あてゲーム」の処理は大きく分けると、以下の3つに分けられます。

● 図5-2-2：「数あてゲーム」の大まかな処理

```
「ゲーム開始！ チャンスは5回」と表示
数あての処理
「ゲーム終了。あなたの得点は●点です！」と表示
```

真ん中の「数あての処理」は、プレーヤーが1〜3の数値をあてたら得点を加算することを5回行うという、メインの処理になります。

この「数あての処理」の1回ぶんをさらに分解・整理してみましょう。必要な処理を単純に並べると以下になります。

● 図5-2-3：数あての処理の1回ぶん

```
1〜3の整数をランダムに生成
プレーヤーが数値を入力
正解なら「あたり！」と表示
正解なら得点を1点加算
不正解なら「はずれ！正解は○です。」と表示
```

3〜5つ目の処理では、「正解なら」と「不正解なら」で、条件に応じて異なる処理を行う必要があります。よって、分岐を使いましょう。ただ、ここまで分岐は基本形の「もし○○なら、××する」を学びましたが、実は分岐には基本形を発展させたかたちの別パターンがあります。その1つが「もし○○なら、××する。そうで

なければ△△する」というパターンです。条件が成立する場合と成立しない場合で、それぞれ異なる処理を実行できる仕組みです。ここでは「正解なら」と「不正解なら」で異なる処理を行いたいので、基本形ではなく、この別のパターンを使う必要があります。分岐のパターンについては次章で改めて整理します。

この「そうでなければ」もある分岐を使って整理すると、以下になります。

● 図5-2-4: 正解/不正解の処理に分岐を使う

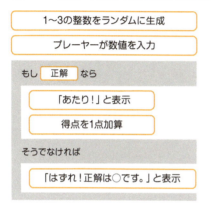

以上が数あての処理1回ぶんの流れになります。今回作成する数あてゲームでは、プレーヤーが行える数あてのチャンスは5回でした。よって、これを5回繰り返します。繰り返しを使うと、次ページの図のように整理できます。

● 図5-2-5:「数あてゲーム」のメインの処理

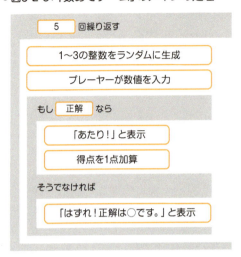

　以上が最初に大きく3つに分けたうちの、メインとなる「数あての処理」になります。プログラム全体の処理にあてはめると以下になります。

● 図5-2-6:「数あてゲーム」の全体の処理

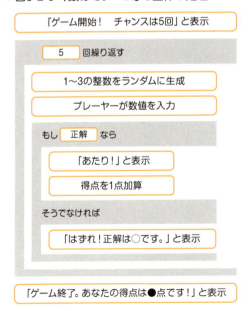

■ どんな変数がどこに必要？

　さて、分岐における正解の判定はどうすればよいでしょうか？　単純に考えれば、コンピューターがランダムに生成した整数とプレーヤーが入力した数値が一致すれば、正解と判定できます。その処理を作るには、変数を使う必要があります。なぜなら、3章で学んだように、コンピューターは原則、次のコードに進むとデータを忘れてしまうのでした。以降のコードでも処理に使いたければ、変数という"ハコ"に格納しておく必要があります。整数をランダムに生成するコードとプレーヤーが数値を入力するコードは、正解を判定する処理のコードの前に実行されるので、忘れてしまいます。そこで、変数を使っておぼえておき、正解を判定する処理に使うのです。

　ここで、分解・整理した「数あてゲーム」の処理にて、正解の判定以外も含め、変数をどこにどう使う必要があるのか、ザッとあたりをつけておきましょう。

　まず必要となるのが、得点を管理する変数です。プレーヤーが数あてに正解したら1点加算していき、5回目のチャレンジが終わった後に得点を表示する処理に使います。

　次に必要なのが、コンピューターがランダムに生成した数値を格納する変数です。
　同様に、プレーヤーが入力した数値も、以降の処理に使えるよう変数が必要です。
　コンピューターが生成した数値の変数と、プレーヤーが入力した数値の変数は、分岐の条件"もし「正解」なら"の部分に利用することになります。両変数の値が等しければ、正解であるとわかります。そのような条件式を分岐に指定します。

第5章

● 図5-2-7:「数あてゲーム」の処理に必要な変数

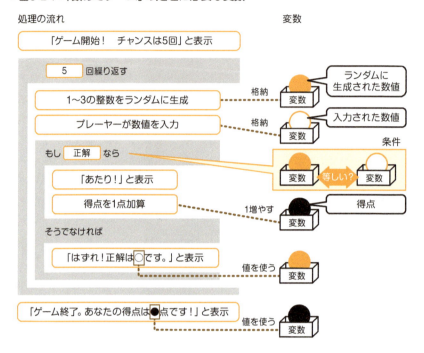

　これら3つの変数の中で難易度が高いのが、得点を管理する変数です。どのように処理すればよいのかは、ここで考えるには少々難しいので、5-8で改めて解説します。

■ 後はPythonに翻訳すればOK!

　これで「数あてゲーム」の処理を分解・整理できました。後はこの結果を、Pythonの限られた語句を使い、Pythonの文法に従って、コードに落とし込んでいくだけです。言い換えると、Pythonに翻訳するだけです。
　画面に表示する処理と、プレーヤーが入力する処理については、ともに専用の「関数」という仕組みがPythonに用意されていますので、それらを使います。関数については次章で改めて解説します。本章では"ちょっと高度なコード"といった程

度の捉え方で構いません。

　表示の関数は、基本的に指定した文字列を画面（コンソール）に表示するのですが、変数の値も文字列と一緒に表示することができます。また、ランダムな整数の生成が行える関数も用意されています。分岐と繰り返しはそれぞれ専用のコード（3-3で登場した「制御文」）が用意されています。

---

column
より効率的な分解・整理のために

　処理を分解・整理する作業に慣れてきたら、使う言語に用意されている関数や分岐、繰り返しの制御文を意識して分解・整理するようにすると、より効率的にコードに落とし込めるようになります。

　もっとも、こういった効率的な処理の分解・整理は、プログラミング経験をある程度積まないとできないことです。初心者がいきなりできることではないので、最初のうちはどうしても試行錯誤を重ねることになります。あせらずに経験値を高めていきましょう。

第5章

3 とりあえず文字列を表示してみよう

POINT!
- Spyderで新規ファイルを作成する方法をおぼえる
- print関数で文字列を表示するプログラムを作ってみる
- プログラムを実行する方法を知る

■ Pythonのファイルを新規作成

「数あてゲーム」の処理を分解・整理できたところで、これからPythonでプログラミングしていきましょう。分解・整理した結果をいきなりすべてPythonのコードに落とし込んでいくのは大変なので、少しずつ順に進めて行くとします。

プログラミング作業は5-1で用意したPythonの開発環境で行います。具体的には、Anacondaに含まれるIDEのSpyderで行います。最初にSpyderを起動します。Windowsなら、[スタート] メニューを開き、[Anaconda] → [Spyder] をクリックしてください。これでSpyderが起動します（起動に1分ほどかかります）。

●図5-3-1：操作画面

[Spyder]

3 とりあえず文字列を表示してみよう

　Spyder上に、新しくプログラムを記述するための新規ファイルを開きます。ツールバーの［新規ファイル］をクリックします。すると、ファイルが新規作成され、エディタの領域に表示されます。

● 図5-3-2：新規ファイルを開いた画面

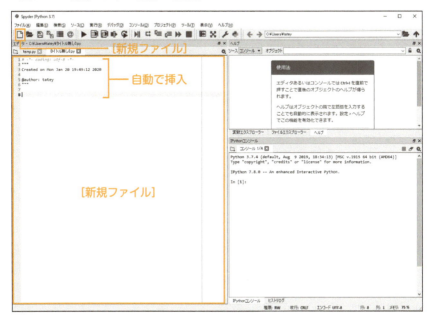

　1〜6行目には、あらかじめ「# -*- coding:utf-8 -*-」などのコードが自動で挿入されています。これは、Spyderが自動で挿入するものです。文字コードの指定、作成日や作成者などの情報になります。"決まり文句"のようなものであり、そのままにしておけばプログラムには影響しないので、あまり意識する必要はありません。このようにIDEによっては、"決まり文句"が自動で挿入される場合があります。

　「数あてゲーム」のプログラムは今回、自動挿入された"決まり文句"から1行空けた8行目から記述していきます。1行空けるのは単に、"決まり文句"とこれから作成するプログラムの区切りをわかりやすくするためです。コード全体を見やすくするため、空の行を入れるのです。空の行はプログラムの実行時には無視されます。

プログラミングではPythonに限らず、このように見やすくするために、空の行を随時入れることはよくあります。

■ print関数で文字列を表示してみよう

それでは、いよいよ「数あてゲーム」の最初の処理である下記のコードを記述してみましょう。

> 最初に「ゲーム開始！　チャンスは5回」と表示する

「ゲーム開始！　チャンスは5回」という文字列を表示する処理です。表示先はコンソール（SpyderのIPythonコンソール）です。

Pythonで文字列をコンソールに表示するには、標準関数の「print」関数を使います。書式は次のように決められています。なお、アルファベットは半角の小文字で、記号は半角ですべて記述します。全角や大文字で記述すると、エラーとなってしまい実行できなくなるので気を付けましょう。

● print関数

```
print(文字列)
```

カッコの中には、表示する文字列を指定します。文字列を直接指定するには、半角の「'」（シングルコーテーション：[Shift]＋[7]キーで入力）で囲って記述します。「'」の中は日本語も使うことができ、アルファベットや記号は全角も半角も使えます。

```
'文字列'
```

「ゲーム開始！　チャンスは5回」という文字列なら、「'ゲーム開始！　チャンスは5回'」とそのまま「'」で囲って記述します。これをprint関数のカッコ内に指定し

ます。では、このprint関数のコードを、Spyderのファイルの8行目に記述してください。

```
print('ゲーム開始！　チャンスは5回')
```

● 図5-3-3：print関数を記述した画面

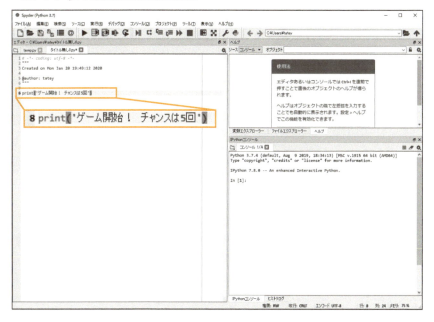

これで、「ゲーム開始！　チャンスは5回」と表示するコードを記述できました。

このようにプログラミングではPythonに限らず、記述する処理に応じて、標準関数などを適宜用いてコードを記述します。また、「表示の関数では文字列などはカッコの中に指定」や「文字列は「'」で囲って指定」など、決められた文法に従って記述します。

このとき、もし文法に反した記述をしていたり、半角で記述すべき箇所を全角で記述してしまったりすると、エラーとなり実行できません。

第5章

■ プログラムを一度実行してみよう

　まだ最初の処理のコードを1つ記述しただけですが、ここで一度実行してみましょう。ちゃんと意図通り「ゲーム開始！　チャンスは5回」とコンソールに表示されるか確認してみます。

　Spyderでプログラムを実行するには、ツールバーの［ファイルを実行］をクリックします。

　クリックすると、「ファイルを保存」ダイアログボックスが表示されます。Spyderでは、プログラムを実行するには、ファイルが保存されている必要があります。

　では、「ファイルを保存」ダイアログボックスで、任意の保存場所とファイル名を指定し、保存します。ファイル名は何でもよいのですが、今回は「kazuate.py」とします。拡張子の「.py」は必ず付けます。Pythonプログラムのファイルの拡張子

●図5-3-4: ファイルを保存する画面　　［ファイルを実行］

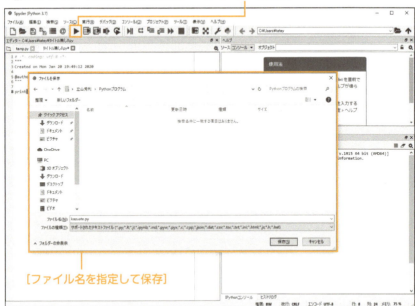

［ファイル名を指定して保存］

3 とりあえず文字列を表示してみよう

です。

　保存すると、続けて「kazuate.pyの実行設定」画面が表示されます。Spyderで初めてプログラムを実行するときに1度だけ表示される画面です。そのまま[実行]ボタンをクリックしてください。すると、プログラムが実行され、コンソールに「ゲーム開始！　チャンスは5回」と表示されます。もし表示されなければ、「print」のスペルが誤っていないか、カッコや「'」を忘れていないか、アルファベットや記号を誤って全角で入力していないかをチェックしましょう。

● 図5-3-5: プログラムを実行した画面

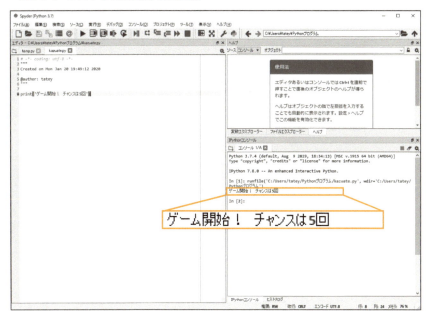

　これで先ほど記述した1行のコードが意図通り動作したことが確認できました。以降も同様に、コードを1つ記述するたびに、実行して動作確認することにします。この進め方には実は意味があります。8-3で改めて解説します。

　なお、「ファイルを保存」ダイアログボックスでファイルを保存する作業が必要なのは、新規作成した後の初回実行時のみです。以降は、コードを追加・変更するたびにファイルを保存しなくても、ツールバーの[ファイルを実行]をクリックすれば、

そのまま実行されます。

> **column**
> ### Spyderのコードの色は何か意味がある？
>
> Spyderのエディターでコードを記述していると、文字によっては自動的に色が付けられます。これは記述されているものの種類に応じて色分けして表示することで、コードを読みやすくするためのSpyderの機能です。主な種類と色は次の表の通りです。割り当てる色はメニューバーの［ツール］→［設定］から自由に変更できます。
>
> | 色 | 種類 |
> |---|---|
> | 緑 | 文字列 |
> | 赤 | 数値 |
> | 青 | キーワード（「if」や「import」など、使い道があらかじめ決められている語句） |
> | 紫 | 組み込み（print関数などの標準関数） |
> | 灰 | コメント（コードの中に記述するメモ。実行時には無視される） |

1〜3のランダムな整数を生成

POINT!
- ランダムな整数を生成するには、random.randint関数を使う
- 標準ライブラリを使うには、事前に読み込んで準備する必要がある
- Pythonでは、変数名を書くだけで宣言したことになる

random.randint関数で生成

続いて、メインとなる数あての処理を記述します。プレーヤーが入力した数値が正解なら1点加算する処理を5回繰り返します。

いきなり5回繰り返す処理を作成するのは初心者には難易度が高いので、まずは1回ぶんの処理のみを記述します。それが完成したら、5回繰り返すよう拡張する、というように段階的に作っていきましょう。

数あて1回ぶんの処理の内容は下記の通りです。

● 図5-4-1：数あて1回ぶんの処理

```
1〜3の整数をランダムに生成
プレーヤーが数値を入力
もし 正解 なら
    「あたり！」と表示
    得点を1点加算
そうでなければ
    「はずれ！正解は○です。」と表示
```

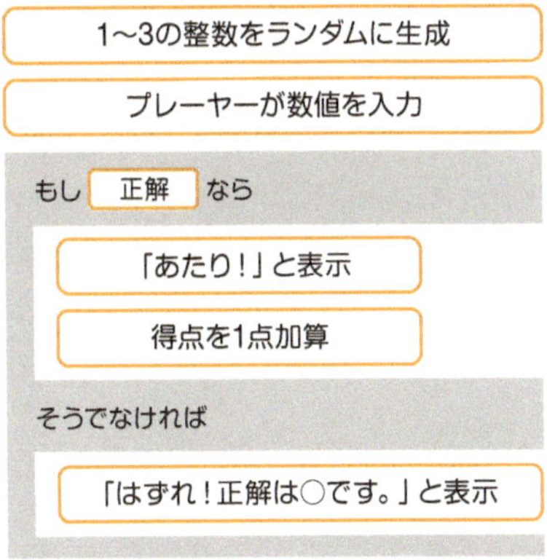

まずは、「1〜3のランダムな整数を生成」の処理を作成します。

Pythonでランダムな整数を生成するには、標準ライブラリの「random.randint」関数を用います。書式は次の通りです。

● random.randint関数

```
random.randint(下限値, 上限値)
```

　random.randint関数は、カッコの中に「下限値」と「上限値」を指定して使います。実行するたびに、「下限値」に指定した数値以上、「上限値」に指定した数値以下の範囲で、整数をランダムに生成します。今回は1～3の整数をランダムに生成したいので、次のように下限値と上限値を指定します。

```
random.randint(1, 3)
```

　これで1～3の整数をランダムに生成できます。

疑似乱数
random.randint関数で生成されるランダムな整数は、厳密には「疑似乱数」と呼ばれ、完全にランダムな整数ではないのですが、解説は割愛します。詳しく知りたい人は「擬似乱数」で調べてみてください。

　実はrandom.randint関数を使うには、もう1つコードが必要です。random.randint関数自体を使えるよう準備するためのコードで、同関数を使う前に実行する必要があります。つまり、「random.randint(1, 3)」の前に記述する必要があります。具体的には、次のコードです。

```
import random
```

　Pythonの標準ライブラリには、print関数のようにいきなり使えるものもあれば、random.randint関数のように準備が必要なものもあります。その準備というのが、

「import random」というコードを記述することなのです。「import」とはあらかじめ読み込むための命令であり、「random」は標準ライブラリの一種です。

ライブラリ
複数の関数を集めた"部品集"のようなもの。言語に最初から備わっているライブラリは「標準ライブラリ」と呼ばれます。プログラミング言語の開発環境をインストールすれば付属してきます。最初から備わっていないライブラリは「外部ライブラリ」と呼ばれます。プログラマーが自分でダウンロードして、別途インストールする必要があります。

モジュール
Pythonでは標準ライブラリの一種のことを専門用語で「モジュール」と呼びます。「random.randint」は厳密には、「randomモジュールのrandint関数」という意味になります。randomモジュールには他にも何種類か関数があります。

　ここで皆さんに特に押さえておいてほしいポイントは、Pythonの細かい使い方や文法ではありません。Pythonに限らずプログラミング言語は、標準ライブラリの一部や外部ライブラリを使うには、事前に読み込んで準備する必要があるということです。

　「いちいち準備するのはメンドウだ！　最初から自動で全部読み込むようにすればいいじゃないか」と思うかもしれませんが、全部読み込むとなると時間がかかりますし、プログラム自体が重くなって、処理速度が遅くなってしまいます。そこで、必要なライブラリだけを読み込むようにしているのです。

■ 以降の処理に使うため変数に格納

　「random.randint(1, 3)」によってランダムに生成した1～3の整数は、以降のコードで使うため、変数に格納しておく必要があります。

第5章

　Pythonでは、変数はコード内にいきなり変数名を書けば、その名前の"ハコ"が用意されるため、宣言は必要ありません。そして、変数名の後ろに、半角の「=」に続けて値を記述すれば、その変数にその値を代入できます。
　ランダムに生成した1～3の整数を入れる変数の名前は何でもよいのですが、今回は「num」とします。この変数numに、「random.randint(1, 3)」で生成した整数を代入します。

```
num = random.randint(1, 3)
```

「=」の前後の半角スペース
「=」の前後の半角スペースはなくても問題ありません。プログラマーが自分の好みなどで決められます。今回は「=」の左側(左辺)と右側(右辺)がより見分けやすくなるように入れています。誤って全角スペースを入力すると、エラーになってしまうので注意してください。

　では、この1行のコードを追加しましょう。追加する場所は前節で記述したprint関数の後とします。

```
print('ゲーム開始！　チャンスは5回')
num = random.randint(1, 3)
```

　あわせて、random.randint関数を準備する「import random」も追加します。こちらはrandom.randint関数の前に記述する必要があるのでした。importの処理は通常、コードの冒頭部分に記述します。それに続けて、今回はprint関数との間に空の行を入れることにします。

```
import random

print('ゲーム開始！　チャンスは5回')
num = random.randint(1, 3)
```

>
> **コードの空行**
> 空の行を入れたのは、準備のコードの部分と処理本体のコードの部分がひと目で見分けられるようにするためです。入れなくても問題ありません。入れるかどうかはプログラマーが自分の好みなどで決められます。

変数numの中身を表示してみよう

　これで、ランダムに生成された1〜3の整数が変数numに格納されるようになりました。実際にどのような値が格納されているのか、コンソールに表示して確認してみましょう。
　5-2で考えた数あてゲームの処理内容には、ランダムに生成された整数を表示する処理はありません。そこで、そのコードを一時的に追加することにします。そして、確認が終わったら削除します。
　変数numを表示するコードは以下です。

```
print(num)
```

　print関数のカッコの中に変数numを指定しています。変数は、変数名を記述するだけで、中に格納されている値を取得し、処理に使うことができます。ここでは、「num」と記述することで変数numに格納されている値を取得できます。このコードを一時的に追加します。

```
import random

print('ゲーム開始！　チャンスは5回')
num = random.randint(1, 3)
print(num)
```

このプログラムを実行すると、コンソールに「ゲーム開始！　チャンスは5回」と表示された後、ランダムに生成された1～3の整数が続けて表示されます。そして、実行するたびに、1または2または3の整数がランダムに表示されます。

● 図5-4-2: 実行結果の画面

ここで、3章で登場した順次について改めて確認しておきましょう。これまでに記述した全4行のコードを実行してコンソールに表示される内容は、＜図5-4-2＞の通りでした。これは、4つのコードが上から順に実行された結果であり、順次の具体例です。下図を見ながら、処理の流れと実行結果を改めて確認しましょう。

● 図5-4-3: 4つのコードが順次で実行される

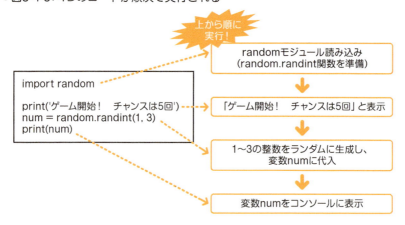

確認のため一時的に追加した「print(num)」は、次節でも使用しますので、ひとまずそのままにしておいてください。

■ どの言語にも共通するポイント①
　　──代入の処理

ここまでで読者の皆さんに押さえておいてほしいポイントが、さらに2つあります。先ほど触れたライブラリの準備と同じく、どのプログラミング言語にも共通するポイントです。

1つ目は、代入の処理についてです。本節では、以下のコードで代入を行っています。

```
num = random.randint(1, 3)
```

どの言語でも、変数に代入するコードは「=」（イコール）を使って記述します。Pythonも同様です。イコールの右辺に書かれたものが、イコールの左辺に書かれたものに代入されます。代入では"右から左に入る"とおぼえましょう。

「=」の左辺は"代入される側"であり、変数名を記述します。

「=」の右辺は"代入する側"であり、基本的には数値や文字列などの値を記述します。他にも、数値や文字列などが格納された変数も記述できます。さらには、関数も記述できます。その場合、代入されるのは、関数を実行した結果として得られる数値や文字列です。

●図5-4-4：変数の代入は"右から左に入る"

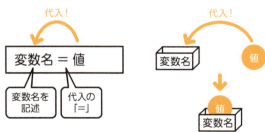

>
> **「=」は等号ではない**
> 注意してほしいのが、「=」は"等しい"ではないことです。「=」は学校で学んだ算数・数学で何度も目にしているため、どうしても"等しい"と思いがちですが、プログラミングにおいてはあくまでも代入です。
> プログラミングでは通常、"等しい"は「=」以外の記号が用いられます。Pythonなら「==」です(5-6で改めて解説します)。ただし、BASIC系など一部の言語では、"等しい"にも「=」が使われており、初心者は代入と混同しがちという欠点となっています。最近の言語はそういった欠点を解消するため、代入と"等しい"は異なる記号を定めています。
> このようにプログラミング言語は古いものの欠点を解消するかたちで常に進化してきました。あわせて、より便利な機能や効率よい書き方を追加するかたちでも進化しています。

■ どの言語にも共通するポイント② ── 参照の方法

2つ目のポイントは、変数の参照方法です。

変数numをコンソールに表示する処理では、その変数名をprint関数のカッコの中に記述することで、格納されている値を処理に使いました。

このように変数名を記述して参照することは、Pythonに限らずどの言語でも共通する使い方です。

● 図5-4-5: 変数の代入と参照

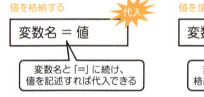
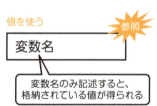

column

変数の「データ型」

　変数を宣言する際、「データ型」もあわせて指定する場合があります。データ型とは、数値や文字列などデータの種類のことです。データ型を指定すると、その変数には指定した種類のデータしか代入できなくなります。たとえば文字列型の変数なら、文字列しか代入できません。もし文字列以外のデータを代入しようとするとエラーになります。データ型の指定は必須なのか、どのような形式で指定するのか、どのようなデータ型が選べるのかなどは言語によって異なります。

　データ型を指定するメリットは、まずは意図していない種類のデータを誤って代入しようとしたらエラーとすることで、プログラマーが誤りに気づけるようになることです。さらには処理を高速化するメリットもあります。高速化できる理由はザックリ言えば、"何でも入れられる大きなハコ" か "入れられるモノが限られた小さなハコ" の違いです。データ型を指定しない変数はどんな種類のデータでも扱えるのですが、あらゆる種類に対応するために、処理速度が遅くなってしまいます。一方、データ型を指定すると、対応すればよいデータは1種類だけで済むので処理速度が速くなります。厳密にはコンピューターのメモリの使用量に関係するのですが、初心者はこのような理解で構いません。

　なお、最近の言語では、データ型は指定せずに変数を使えるものが増えています。

> column
> ### 変数の使い方はExcelのセルと同じ
>
> 　変数の仕組みや使い方はプログラミング初心者にはなかなか理解しづらいものです。もしExcelを使った経験があるなら、変数はExcelのセルと同じようなものだと考えると、理解しやすいかもしれません。
>
> 　Excelのセルは数値などのデータを入れる"ハコ"と見なせます。セルという"ハコ"は複数あり、「A1」などのセル番地によって区別します。セルに入っているデータを使いたければ、そのセル番地を記述します。このExcelのセルが変数、セル番地が変数名に該当するのです。
>
> 　例を挙げて説明します。たとえばExcelでA1セルに数値の10が入っているとします。もしB1セルに、A1セルの数値に1を足した数値を表示したければ、「=A1+1」という数式を入力します。B1セルの数式の中に、「A1」というセル番地を記述することで、A1セルに入っている数値である10を使うことができました。これはプログラミングで変数名を記述すれば、変数に入っているデータを使えることと本質的には同じです。このような捉え方をすれば、変数の理解がより進むでしょう。

5 プレーヤーが数を入力できるようにしよう

> **POINT!**
> - プレーヤーから入力をしてもらうには、input関数を使う
> - 入力された数は、変数に格納する
> - 変数名には使えない語句や記号がある

■ input関数で値を入力

　続けて、プレーヤーが数値を入力する処理を作成します。入力はSpyderのコンソールから行ってもらうことにします。
　Pythonでコンソールから入力をしてもらうには、標準ライブラリのinput関数を用います。数値も文字列も入力できます。モジュールの読み込みは不要です。
　input関数を実行すると、プレーヤーの入力を待つ状態になります。プレーヤーがコンソールに数値を入力し、[Enter]キーを押して確定すると、その数値が関数を実行した結果の値として得られます。通常はその値を変数などに格納し、以降の処理に使います。
　変数名は何でもよいのですが、今回は「answer」とします。input関数の実行結果の値を変数answerに格納するコードは以下になります。

```
answer = input()
```

　ここでさらに、プレーヤーの入力待ちのときに、「1〜3の数を入力してください>>」という入力を促す文字列をコンソールに表示するようにします。
　input関数は、カッコの中に文字列を指定すると、コンソールから入力するとき、入力する場所にその文字列が表示されます。文字列なので「'」で囲って指定します。表示する文字列は、入力される数値など他の処理には影響しません。

```
answer = input('1〜3の数を入力してください>>')
```

では、このコードをrandom.randint関数のコードの下に記述してください。

ついでに、変数answerをコンソールに表示して、入力した値が実際に格納されているのかも確認してみましょう。

前節で、変数numの内容を確認するために記述したprint関数のコードを流用します。print関数のカッコの中を変数numから変数answerに変更してください。

```
import random

print('ゲーム開始！　チャンスは5回')
num = random.randint(1, 3)
answer = input('1～3の数を入力してください>>')
print(answer)
```

［ファイルを実行］をクリックして実行してみると、コンソールに「ゲーム開始！チャンスは5回」と表示された後、続けて「1～3の数を入力してください>>」と表示され、入力待ちの状態になります。

「>>」の後ろの部分をクリックし、カーソルが点滅した状態になれば、入力できます。

適当な数値を入力し、[Enter]キーを押してください。すると、その数値がコンソールに表示されます。

● 図5-5-1：実行画面

これで、input関数で入力された数値が、変数answerに格納されたことが確認できました。文字列を入力しても、同様に表示されます。

用語　標準入力と標準出力

input関数のように、言語に標準で用意されている入力の仕組みは、専門用語で「標準入力」と呼ばれます。print関数のような出力の仕組みは「標準出力」と呼ばれます。

変数numおよびanswerの内容を確認するために一時的に記述したprint関数は、これ以降は使いませんので、ここでコードを削除しておいてください。

```
import random

print('ゲーム開始！　チャンスは5回')
num = random.randint(1, 3)
answer = input('1〜3の数を入力してください>>')
```

こんな変数名はNG！

変数numや変数answerの変数名を決める際、変数名は「何でもよい」と述べましたが、実は付けられない変数名があります。

まずは、既存の変数と同じ名前です。本節の例なら、変数numやanswerと同じ名前は付けられません。そもそも変数名は複数ある"ハコ"を区別するためのものなので、名前の重複はもってのほかなのです。

加えて、数値で始まる変数名も付けられません。

さらには、「print」や「import」など、Pythonであらかじめ用意されている関数や語句と同じ名前も使えません。言語であらかじめ用意されている語句のことは、専門用語で「予約語」と呼ばれます。

他にも変数名に使えない記号があるなど、付けてはいけない変数名のルールが言

第5章

語ごとにあります。

　また、変数名は通常、アルファベットと数字と一部の記号で付けますが、中には日本語が使える言語もあります。

　いずれにせよ、ルールに反する変数名を付けると、エラーになりプログラムが正しく動きません。

　変数名のネーミングは通常、どんな値を入れるのか、どんな役割の変数なのかなどがひと目でわかる名前が好まれます。プログラムを見た際に処理の内容などがわかりやすくなるからです。なおかつ、極力少ない文字数での簡潔な変数名が好まれます。関数名も同様です。これらのことも、どの言語にも共通するプログラミングのポイントです。

●図5-5-2：変数名のポイント

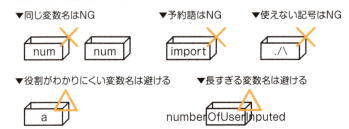

6 あたり／はずれを判定する

POINT!
- あたり／はずれを判定する処理には分岐を使う
- 分岐にはif文を使う
- 条件式には比較演算子を使う

分岐はif文で行う

「数あてゲーム」は前節までに、プレーヤーが数値を入力する処理まで作成しました。本節では、あたり／はずれを判定する処理を作成します。この処理は5-2で、以下のように分解・整理しました。

●図5-6-1: あたり／はずれを判定する処理

```
もし  正解  なら
    「あたり！」と表示
    得点を1点加算
そうでなければ
    「はずれ！正解は○です。」と表示
```

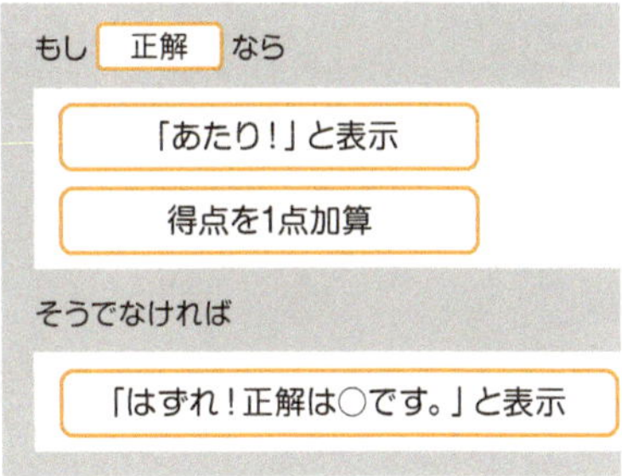

正解かどうかで異なる処理を行う必要があるため、分岐を使います。Pythonでは、分岐の制御文は「if」および「else」という語句を使い、次の書式で記述します。

●if文

```
if 条件式:
    成立時の処理
else:
    不成立時の処理
```

第5章

　ifとelse、さらには「:」（コロン）を組み合わせた複数行で構成されるコードとなります。一般的には「if文」と呼ばれます。条件式の記述方法は次のページで説明しますので、先に条件が成立する／しない場合の処理について解説します。

　if以下に条件式が成立した場合の処理、else以下に成立しない場合の処理をインデント（字下げ）して記述します。複数行にわたる処理も記述できるため、どこまでが成立時の処理でどこまでが不成立時の処理なのかがわかりやすいよう、インデントで区切ることになります。インデントは通常、[Tab]キーで挿入できます。

　正解なら「あたり！」、不正解なら「はずれ！正解は○です。」と表示したいので、それらの処理を書式にあてはめてみます。

　本来は不正解の際、「○」の部分に正解の数値を表示したいのですが、この時点では「○」のままとします。

```
if 条件式:
    print('あたり！')
else:
    print('はずれ！正解は○です。')
```

　ここで読者の皆さんに押さえてほしいポイントは、分岐のコードの構成です。

　if文では、ifに続けて条件式、ifの中に条件が成立した場合の処理、elseの中に成立しない場合の処理を記述しました。このような分岐のコードの構成は、Pythonに限らず、たいていの言語で共通です。また、ifやelseという語句を使う点も、たいていの言語で共通しています。

● 図5-6-2：分岐のif文の大まかな構造

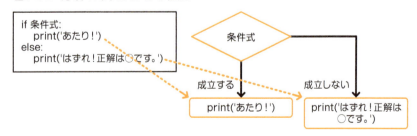

条件式はどう記述すればいい？

　条件式はどのように記述すればよいでしょうか？　5-2で分解・整理した際、コンピューターがランダムに生成した数値と、プレーヤーが入力した数値が等しいかどうか調べればよいのでした。

　前者は変数num、後者は変数answerに格納されています。

　等しいかどうかは「==」という演算子で判定できます。これは、左辺と右辺に値や変数などを記述し、両者が等しいかどうか比較して判定する演算子です。

比較演算子
「==」のように2つの値を比較するための演算子は、専門用語で「比較演算子」と呼ばれます。等しいことを表す「==」の他にも、「以上」を表す「>=」など、いくつか種類があります。どのような比較演算子を使えるかは、言語によって異なりますが、たいていの言語では同じです。

　さて、ここからがややこしいのですが、変数numと変数answerを比較する際、変数answerは整数に変換する必要があります。変換は「int」という関数で行います。カッコの中に指定した値を整数に変換する標準関数です。

　よって、条件式は次のように記述します。

```
num == int(answer)
```

第5章

column
なぜ整数に変換するのか？

　なぜ整数に変換する必要があるのか説明しますが、少し難しい内容なので、ここではなんとなく理解してもらえればOKです。

　Pythonでは、input関数で入力された値は、文字列と見なされます。数値を入力しても、文字列として扱われるという約束ごとがあるのです。変数answerには、input関数の実行結果の値を代入しているため、文字列として扱われます。加えて、Pythonには、数値と文字列を厳密に区別して扱うという約束ごともあります。何ともややこしい話ですが、同じ「1」でも、数値の1と文字列の1は異なるものとして扱われます。

　一方、random.randint関数は数値を返すので、その実行結果の値を代入した変数numは数値です。

　Pythonでは、先述の約束ごとにより数値と文字列をそのまま比較演算子で比較することはできないため、文字列を整数に変換する必要が生じるのです。

　ここで押さえておいてほしいポイントは、「数値と文字列はそのまま演算できない言語がある」ということです。数値と文字列を厳密に区別する言語では、数値と文字列を比較、または代入などを行う場合、約束ごととして変換が必要となります。

　逆にJavaScriptなど一部の言語では、変換の必要がなくそのまま比較・代入できます。いずれにせよ、自分がプログラミングに用いる言語の約束ごとに従う必要があります。

　なお、比較演算子の「==」による条件式は等しいかどうかを比較するものなので、左辺と右辺は入れ替えて記述しても問題ありません。等しくないかどうかを比較する場合も同様です。一方、大小を比較する場合は、左辺と右辺は入れ替えると正しく判定できなくなるため、注意が必要です。

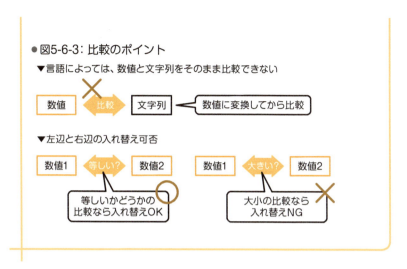

●図5-6-3：比較のポイント

実行して、分岐を体験しよう

先ほどの条件式「num == int(answer)」をif文にあてはめると、プログラム全体は以下になります。if文の前には空の行を入れるとします。

```
import random

print('ゲーム開始！　チャンスは5回')
num = random.randint(1, 3)
answer = input('1～3の数を入力してください>>')

if num == int(answer):
    print('あたり！')
else:
    print('はずれ！正解は〇です。')
```

実行して数値を入力すると、正解なら「あたり！」と表示され、不正解なら「はずれ！正解は〇です。」と表示されます。

●図5-6-4：実行画面

なお、if文の前の空の行はなくても問題ありません。今回はif文とその前の処理の区切りがひと目でわかるよう、空の行を入れました。

はずれの場合に正解の数値を表示する

続けて、「はずれ！正解は○です。」の「○」の部分に、正解の数値を表示するようプログラムを変更します。

正解の数値は、変数numに格納されているのでした。もし変数numの値だけを表示するなら、「print(num)」と、カッコ内に変数名を記述します。「はずれ！正解は○です。」の「○」部分に変数numの値を表示したいなら、変数numを「○」の部分にそのままあてはめて、「print('はずれ！正解はnumです。')」と記述したくなるところです。しかし、そう記述すると、「はずれ！正解はnumです。」と表示されてしまいます。引用符「'」の中に記述しているため、変数名の「num」がそのまま文字列として認識されてしまうからです。

変数numの値を「○」の部分に表示するには、次のように記述します。

```
print('はずれ！正解は' + str(num) + 'です。')
```

6 あたり／はずれを判定する

　Pythonでは文字列の中に変数の値を埋め込んで表示するには、文字列の部分と変数の値の部分を分割して記述した上で、それぞれをつなぎ合わせるよう記述する必要があります。つなぎ合わせるには、半角の「+」という文字列を連結する演算子を使います。「+」を使って、変数numとその前後の文字列を連結します。なお、「+」の左右の半角スペースはなくても構いません。

　さらに、変数numは数値であり、そのままでは文字列に連結できないため、「str」という関数によって文字列に変換する必要があります。そのままでは連結できない理由は「なぜ整数に変換するのか？」のコラムで紹介した内容に関係しますが、ここではそのような約束ごとがあるとだけ認識しておけばよいです。

　実行すると、はずれの場合は正解の数値が表示されるようになります。

● 図5-6-5：実行画面

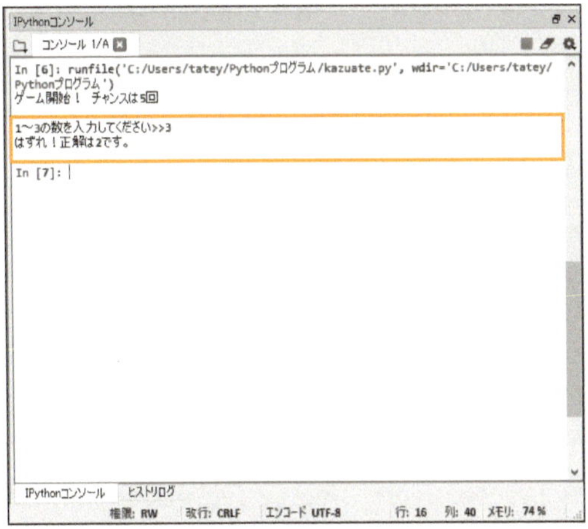

```
In [6]: runfile('C:/Users/tatey/Pythonプログラム/kazuate.py', wdir='C:/Users/tatey/Pythonプログラム')
ゲーム開始！ チャンスは5回
1〜3の数を入力してください>>3
はずれ！ 正解は2です。

In [7]:
```

　ここで押さえてほしいポイントは、文字列の中に変数の値を埋め込んで表示する方法です。文字列と変数をそのまま並べて記述するのではなく、それぞれを分割したり、数値を文字列に変換したりするなど、何かしらの処理が必要となります。これは、どの言語でも共通です。ただし、どんな処理が必要で、どう記述すればよいかは言語によって異なります。

7 数あてを5回繰り返す

POINT!
- 数あてを繰り返す処理には繰り返しを使う
- 繰り返しにはfor文とrange関数を使う

■ 繰り返しはfor文で行う

前節までに作成したのは、数あての処理が1回のみ実行されるプログラムでした。本節ではそれを5回繰り返すよう発展させます。

Pythonでは繰り返しはfor文を用います。指定した回数を繰り返す場合の書式は以下です。

● for文

```
for 変数 in range(回数):
    処理
```

上記書式の「変数」の部分には、繰り返しの処理に使う変数を指定します。この変数の役割などは5-9で改めて解説します。本節の段階ではこの変数を意識しなくとも、繰り返す処理を記述することができますので、「変数を指定するようfor文で決められている」と認識するだけで構いません。「回数」の部分には、繰り返したい回数の数値を指定します。

「処理」の部分には、繰り返したい処理をインデントして記述します。if文の処理の記述と同様に、複数行にわたって記述することもできるため、どこまでが繰り返したい処理なのかがわかるよう、インデントで区切ります。

数あてを5回繰り返すようにしよう

それでは数あての処理を5回繰り返すようプログラムを記述しましょう。

数あての処理は、1～3のランダムな整数を生成する処理から、あたりはずれを判定する処理までです。つまり、変数numにrandom.randint関数の実行結果の値を代入する処理からif文までです。それらのコードをfor文の中に入れて、繰り返すようにします。

5回繰り返したいので、range関数には数値の5を指定します。変数名は何でもよいのですが、今回は「i」という名前の変数を新たに指定するとします。記述するコードは、以下の通りです。

```
for i in range(5):
```

forを記述した後、その中に数あての処理を入れるよう、該当するコードを丸ごとインデントします。該当するコードは「num = random.randint(1, 3)」から、「print('はずれ！正解は' + str(num) + 'です。')」までです。

```
import random

print('ゲーム開始！　チャンスは5回')

for i in range(5):
    num = random.randint(1, 3)
    answer = input('1～3の数を入力してください>>')

    if num == int(answer):
        print('あたり！')
    else:
        print('はずれ！正解は' + str(num) + 'です。')
```

なお、forの始まりが一目でわかるよう、「print('ゲーム開始！　チャンスは5回')」との間に空の行を入れました。入れなくても処理には影響ありません。これで

数あての処理が5回繰り返されるようになりました。実行すると、以下のようになります。

● 図5-7-1：実行画面

for文の変数の名前

for文の変数は名前をiにしていますが、もちろん他の変数名でも構いません。ただ、プログラミングの慣例として、繰り返し用の変数は名前をiにすることが一般的です。2つ目以降の繰り返し用の変数なら、「j」、「k」と命名します。ただし、あくまでも単なる慣例なので、あまり強くこだわる必要はありません。

得点を付けられるようにしよう

> **POINT!**
> ・得点の管理には変数を使う
> ・変数の値を1増やすインクリメントの書き方を知る

得点を管理する変数を用意

　最後に、プレーヤーが数あてに正解した場合に得点を加算する機能を作成します。5-2であたりを付けたように、得点を管理するには変数を使います。

　まずはじめに、得点を管理する変数の名前を決めます。何でもよいのですが、点数を管理するという役割なので、今回は「score（スコア）」とします。

　得点は、正解するたびに1点ずつ加算していきます。最初は0点のため、変数scoreには、最初に0を代入し初期化しておく必要があります。

```
score = 0
```

　このコードは5回のチャレンジが始まる前に実行する必要があります。つまり、「score = 0」はfor文の前に記述します。

```
import random

print('ゲーム開始！　チャンスは5回')
score = 0

for i in range(5):
    num = random.randint(1, 3)
    answer = input('1〜3の数を入力してください>>')
```

```
if num == int(answer):
    print('あたり！')
else:
    print('はずれ！正解は' + str(num) + 'です。')
```

正解なら1点加算する処理

　次は、正解なら1点加算する処理です。変数scoreの現在の値を1増やす処理になります。そのコードは、下記の通りです。

```
score = score + 1
```

　「=」の両辺に変数scoreが書かれており、何とも違和感のあるコードです。一体どういう意味のコードであり、なぜ変数scoreの値を1増すことができるのでしょうか？

　最初に、右辺に登場する「+」を説明します。「+」は先ほど文字列の連結で登場しましたが、数値または数値が格納された変数に対して使うと、足し算を行います。Pythonでは他にも引き算や掛け算、割り算などを行う記号が用意されています。

　このコードの読み方でまず大切なのは、「=」を代入と意識することです。代入は「=」の右辺から左辺に値が格納されるのでした。代入のコードでは、右辺に「+」などによる計算があると、計算が行われてから左辺に代入されるという約束ごとがあります。よって、「score + 1」が実行されてから、変数scoreに代入が行われます。

　代入先は左辺の変数scoreです。したがって、「score = score + 1」というコードは、まずは右辺の「score + 1」が実行され、変数scoreの値に1が足された値が、左辺の変数scoreに代入されるという処理の流れになります。

8 得点を付けられるようにしよう

●図5-8-1：変数scoreの値を1増やす処理

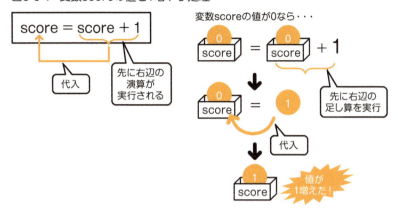

インクリメントとデクリメント

このような「変数 = 変数 + 1」という形式のコードなどによって、変数の値を1増やす処理のことを、専門用語でインクリメントといいます。言語によっては、「++」など別の演算子によって、変数の値を1増やすこともできます。

逆に、「+」の部分を「-」に変更して、変数の値を1減らす処理のことをデクリメントといいます。言語によっては、「--」など別の演算子を使う場合もあります。

こうした処理は、他の言語でもしばしば登場します。1の部分を他の数に変更すれば、増やす値や減らす値を変更できます。

「score = score + 1」を記述する場所はどこにすべきでしょうか？　正解の場合に変数scoreの値を1増やしたいので、if文の条件成立時の処理に記述します。

```
import random

print('ゲーム開始！　チャンスは5回')
score = 0

for i in range(5):
    num = random.randint(1, 3)
    answer = input('1～3の数を入力してください>>')

    if num == int(answer):
        print('あたり！')
        score = score + 1
    else:
        print('はずれ！正解は' + str(num) + 'です。')
```

　ここで押さえてほしいポイントは、得点を数えるために変数scoreの値を処理の流れの中で変化させていることです。最初に0で初期化し、正解なら1増やしています。

最後に得点を表示

　「数あてゲーム」はこれで完成ではありません。最後に「ゲーム終了。あなたの得点は●点です！」と表示する機能が残っています。
　「●」の部分には、プレーヤーが数あてゲームに5回チャレンジした結果の得点を表示します。得点は、変数scoreに数値として格納されています。前節で解説した、はずれの場合の正解の数値を表示する機能と同じく、文字列と変数を連結する+演算子と、数値を文字列に変換するstr関数を利用します。

```
print('ゲーム終了。あなたの得点は' + str(score) + '点です！')
```

8 得点を付けられるようにしよう

　得点は5回のチャレンジが終わった後に表示したいので、このコードを記述する場所は、for文の後になります。今回はfor文との区切りがよりわかりやすくなるよう、空の行を挟んで記述します。

```python
import random

print('ゲーム開始！　チャンスは5回')
score = 0

for i in range(5):
    num = random.randint(1, 3)
    answer = input('1～3の数を入力してください>>')

    if num == int(answer):
        print('あたり！')
        score = score + 1
    else:
        print('はずれ！正解は' + str(num) + 'です。')

print('ゲーム終了。あなたの得点は' + str(score) + '点です！')
```

　これで数あてゲームのプログラムの作成が終わりました。必要な機能のコードをすべて記述しました。正しく動作するか、さっそく確認してみましょう！　実行すると、次のように得点が表示されます。

● 図5-8-2: 実行画面

column
「コメント」はマメに残そう

　「コメント」とは、コードの中に記述するメモのことです。実行時には無視されます。通常は「この変数はこんな用途で使う」や「この処理はこんな手順で行っている」など、コードの意図や構造などをメモとして書き残す用途に使われます。なぜメモが必要かというと、後から機能を追加・変更する際、コードの意図や構造などを知ることで、編集しやすくなるからです。コードの意図や構造などは、書いた本人ですら、ある程度時間が経つと忘れてしまいがちなので、コメントとしてマメに残しておくと、後々助かります。

　コメントの書き方は言語によって異なります。たとえばPythonなら「#」を用います。#より右に入力した文字はすべてコメントになります。また、コメントはコードの一時的なバックアップにもよく使われます。コードを編集する際、編集前のコードをコピーしてコメント化しておくことでバックアップになります。もし編集に失敗したなどの理由で編集前のコードに戻したければ、コメント化を解除するだけ済むので、より確実に効率よく元に戻せます。

何回目のチャレンジか表示する

POINT!
- for文の変数を使ってチャレンジ回数を表示する
- for文で回数をrange関数で指定する場合、変数は0から始まり、指定回数から1を引いた数までが繰り返しのたびに代入される

for文の変数はこう利用する

「数あてゲーム」は前節までで、5-2で仕様として挙げた機能はすべて作成できました。これで完成なのですが、ここでプレーヤーにもっと親切なゲームとなるよう、機能を追加しましょう。スマートフォンのアプリをはじめ、たいていのプログラムは一度完成させたら終わりではなく、機能の追加などバージョンアップが行われ、より便利で使いやすく進化させていくものです。ここで「数あてゲーム」のバージョンアップも体験してみましょう。

バージョンアップの内容は、プレーヤーが数あてにチャレンジしているときに、それが何回目のチャレンジなのかを「～回目」という形式で表示する機能を追加することにします。

この機能を作るために、for文の変数iを利用します。for文の「for」の後ろに記述された変数は、繰り返しのたびに異なる値が自動で代入されていきます。たとえば5回繰り返すよう「for i in range(5):」と記述した場合、次のように代入されます。

●表：for文の変数iの値の変化

繰り返し	変数iの値
1回目	0
2回目	1
3回目	2
4回目	3
5回目	4

第5章

　0から始まり、繰り返すたびに1、2、3、4と計5つの数値が代入されます。なぜ0から始まるかというと、inの後ろに記述したrangeに関係します。rangeの正体は、連続した複数の数値を生成する関数です。カッコの中に指定した数だけ生成します。その際、連続した数値は基本的に0から始まるよう決まっています。そのため、たとえば「range (5)」と記述すると、0、1、2、3、4という5つの連続した数値が生成されます。言い換えると、0から始まり、カッコ内に指定した数値から1を引いた数値までが生成されます。

　for文ではrange関数で生成された複数の数値が、繰り返しのたびに先頭から順に変数iへ代入されていきます。以上がfor文およびrange関数の動作の詳細です。さらにこの変数iは繰り返す処理の中で利用できます。以上を用いて、「～回目」を表示する機能を作ります。

　変数iを使い、「～回目」を表示するコードは以下です。これまで何度か登場したprint関数と+演算子とstr関数による処理です。

```
print(str(i) + '回目')
```

このコードをfor文の中の冒頭に追加します。

```
      :
      :
for i in range(5):
    print(str(i) + '回目')
    num = random.randint(1, 3)
      :
      :
```

　実行すると、「0回目」、「1回目」……と回数が0から始まり、最後は「4回目」となってしまいます。

9 何回目のチャレンジか表示する

● 図5-9-1：実行画面

　先ほど説明したように、range関数のカッコの中には5を指定しているので、0から始まり、4で終わる5つの数値が生成されます。

　こういったrange関数の機能を踏まえ、繰り返しの最初を「1回目」、最後を「5回目」と表示するには、変数iに1を足した値を表示するよう修正します。具体的には変数iの後に1を足す「＋1」を加えます。

```
        ：
        ：
for i in range(5):
    print(str(i + 1) + '回目')
    num = random.randint(1, 3)
        ：
        ：
```

　これで「1回目」から始まり、「5回目」で終わるように表示されます。

●図5-9-2：実行画面

繰り返しの変数の値
たいていの言語ではfor系の繰り返しにおいて、変数の始まる値、終わる値、繰り返しのたびに増減する値を自由に設定できます。Pythonではrange関数のカッコ内にて設定できます。

これで「〜回目」を表示する機能を追加でき、バージョンアップを無事果たすことができました。

完成したプログラムを改めて整理

「数あてゲーム」の作成は以上です。小さな単位に分解したのち、順次と分岐と繰り返しと変数、さらには関数や代入や足し算などを用いてPythonのコードを記述し、目的のプログラムを作り上げました。3章で説明した3つの真髄を一通り体験することもでき、これで一番基礎となるプログラムを書けるようになりました！

本章の最後に、完成したプログラムを下図の通り整理しておきます。コード中のどこからどこまでが繰り返しの処理で、どこからどこまでが分岐の処理なのか、ま

た、その中で順次がどう組み合わされているのかなど、プログラムの構造を改めて
確認しておきましょう。そして、実行結果と照らし合わせつつ、処理の流れを確認
しましょう。あわせて、処理の流れの中で、各変数の値がどのように変化しどのよ
うに使われているのかも確認しておくとよいでしょう。

● 図5-9-3: プログラム完成版

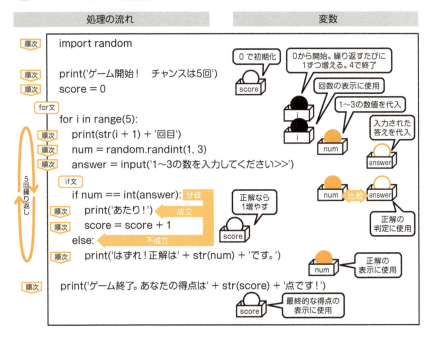

第6章

スキルアップするために知っておきたいプログラミングの仕組み

1. 分岐の3つのタイプを知っておこう
2. 繰り返しの3つのタイプを知っておこう
3. 配列――「ハコ」の集合でまとめてデータを扱う仕組み
4. 関数――共通する処理をまとめて使い回す仕組み
5. ライブラリやフレームワーク――"先人の成果"でラクに短時間で作ろう

第6章

1 分岐の3つのタイプを知っておこう

> **POINT!**
> - 分岐には3つのタイプがある
> - 1つ目は「もし○○なら、××する」
> - 2つ目は「もし○○なら、××する。そうでなければ、△△する」
> - 3つ目は「もし○○なら、××する。□□なら、●●する。そうでなければ、△△する」

■ 高度なプログラミングのための仕組み

　プログラミングの仕組みは、前章までに学んだものに加え、より高度なものがいくつかあります。それらを使えば、もっと高度なプログラムを作れるようになります。本章ではその代表として、分岐および繰り返しを深く学びます。さらには「配列」、「関数」、「ライブラリ」、「フレームワーク」という仕組みも学びます。

■ 分岐には3つのタイプがある

　前章までに分岐の基礎を学んだり体験したりしましたが、本節ではもう少し深い内容として、分岐のタイプについて学びます。ここまで学んだ内容の整理も含みます。実は分岐には、大きく分けて3つのタイプがあります。各タイプの違いを理解し、自分が作りたい処理の流れに応じて使い分けることが重要です。3つのタイプを使えば複雑な分岐が行え、より多彩な処理の流れが作れるようになります。

　分岐のタイプの1つ目は、成立したときだけ処理を行うタイプです。2つ目は、成立しないときにも処理を行うタイプです。3つ目は、3つ以上の分岐を行うタイプです。

①成立したときだけ処理を行うタイプ

②成立しないときにも処理を行うタイプ
③3つ以上の分岐を行うタイプ

分岐①──成立したときだけ処理を行うタイプ

　分岐のタイプの1つ目は、条件が成立したら処理を行い、成立しなければ何も処理を行わないタイプです。3章で登場した基本形のイメージ「もし○○なら、××する」にあたるタイプです。このタイプでは、分岐はするものの、条件が成立するときだけしか処理を行いません。そのため、分岐後の処理として記述するのは、条件が成立したときの処理だけになります。

分岐②──成立しないときにも処理を行うタイプ

　2つ目は、1つ目のタイプの発展系です。条件が成立したら処理を行い、成立しなければ別の処理を行うタイプです。「もし○○なら、××する。そうでなければ、△△する」というイメージです。
　このタイプは、5章で登場したPythonのif文が該当します。「そうでなければ〜」の部分がelse以下に該当します。

分岐③──3つ以上の分岐を行うタイプ

　3つ目はさらなる発展系であり、3つ以上に分岐できるタイプです。1つ目と2つ目のタイプはいずれも条件が1つのみであり、分岐できるのは2つだけでした。それらに加え、3つ以上に分岐できるタイプもあるのです。その場合、複数の条件を順に判定していきます。イメージは条件が2つなら「もし○○なら、××する。□□なら、●●する。そうでなければ、△△する」です。たとえば、「購入金額の合計が4000円以上なら送料は無料、3000円以上なら送料は100円引き、そうでなければ送料は通常料金」といった分岐です。条件の数や「そうでなければ」のありな

しによって、3つ以上のより複雑な分岐が行えます。
　プログラマーはこれら3タイプの分岐を適宜使い分けて、目的の処理の流れのプログラムを作り上げていきます。

● 図6-1-1：分岐の3タイプ

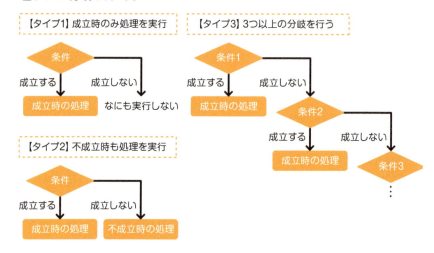

2 繰り返しの3つのタイプを知っておこう

> **POINT!**
> - 繰り返しには、回数、条件、集合で繰り返すタイプがある
> - どのプログラミング言語にも、この3つのタイプの命令文がある
> - 繰り返しの回数は、カウンタ変数で管理する

繰り返しには3つのタイプがある

　繰り返しには前章までに、「5回繰り返す」といったタイプが登場しましたが、他にも異なるタイプが大きく分けて2つあります。本節ではこれら計3つの繰り返しのタイプについて基本を学びます。

　繰り返しのタイプの1つ目は、指定した回数だけ繰り返すタイプです。4章の疑似体験に登場した繰り返しや前章のPythonのfor文が該当します。2つ目は、条件で繰り返すタイプ、3つ目は、集合で繰り返すタイプです。

①指定した回数だけ繰り返すタイプ
②条件で繰り返すタイプ
③集合で繰り返すタイプ

　繰り返しが必要な処理の中には、回数が決まっていないケースもよくあり、その場合は2つ目または3つ目のタイプを使います。これら3つのタイプを使い分けることで、あらゆる繰り返しの処理を作れるようになります。
　ほぼすべてのプログラミング言語に、この3つのタイプの繰り返しの命令文が用意されています。

第6章

■ 繰り返し①──指定した回数だけ繰り返すタイプ

　指定した回数だけ繰り返すタイプは、すでに3-3で登場しました。このタイプの命令文では、繰り返しの回数は変数で管理します。具体的には、今は繰り返しの何回目なのかの数値を変数に格納して管理します。

　その変数は通常、繰り返しの開始時に最初の値が入れられ、繰り返しのたびに値が1ずつ増やされていきます。同時に、指定した回数に達したのかをチェックし、達していたら繰り返しを終了します。以上の処理はすべて、繰り返しの命令文が行ってくれます。

　このような繰り返しの数を管理する変数は、専門用語で「カウンタ変数」と呼ばれます。各言語の繰り返しの命令文は、種類によっては、繰り返したい回数に加え、カウンタ変数の最初の値や繰り返しのたびに増やす値を自由に指定できます。また、繰り返しのたびに指定した値を減らすよう指定することも可能です。このカウンタ変数の仕組みは、どのプログラミング言語にも用意されています。

　カウンタ変数は繰り返しの命令文の中に記述する命令文でも使えるのがメリットです。

　また、その他の例として、たとえばExcel VBAでA列のセルを1行目から順に処理したいとします。その際、処理対象の行を1、2、……と順に値を増やしていく必要があります。そこで、セルの行をカウンタ変数で指定し、1から開始して1ずつ増えていくようにすれば、繰り返しのたびに1行目、2行目、3行目とA列のセルを順に処理できます。

● 図6-2-1：カウンタ変数

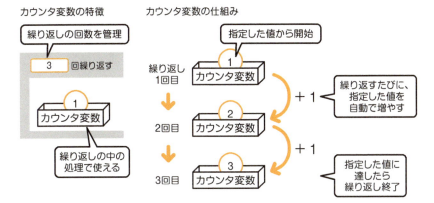

繰り返し②——条件で繰り返すタイプ

条件で繰り返すタイプとは、たとえば——

・道案内の例：コンビニの角に到着するまで、「100m直進」を繰り返す
・料理のレシピの例：ニンジンの左端に達するまで、「右端から1cmの箇所を縦方向に切る」を繰り返す

——といった繰り返しです。繰り返したい回数は決まっていないが、指定した条件が成立している間（または成立していない間）、処理を繰り返したいときに使います。

このタイプは、処理を繰り返すたびに、まだ繰り返しを続けるかどうかの判定を行います。たとえば前章にてPythonで作った「数あてゲーム」では、プレーヤーが5回チャレンジしたらゲームを終了しましたが、回数は決めずに、プレーヤーが0を入力したらゲームを終了するように変更したいとします。その場合、条件で繰り返すタイプを用いて、「0が入力されていない」という条件が成立している間はゲームを続けるようにプログラムを変更すればよいのです。

●図6-2-2: 条件で繰り返すタイプ

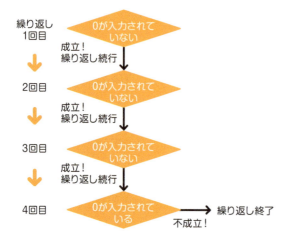

　条件で繰り返すタイプは、繰り返しを続けるかどうかの判定を行うタイミングによって、さらに細かく2パターンに分類されます。繰り返す処理（繰り返しの命令文の中に記述する処理）の実行前に行うか、実行後に行うかといった2パターンです。後者の場合、判定の結果にかかわらず、繰り返す処理は少なくとも1回は実行されます。

無限ループ
条件で繰り返すタイプの派生形として、ずっと繰り返す「無限ループ」があります。常に成立する条件を指定することで、ずっと繰り返すようにします。無限ループは通常、繰り返しから強制的に抜ける命令文とセットで使われます。強制的に抜ける命令文は、繰り返しの中から繰り返しの外へ一気にジャンプするイメージです。この命令文を使わないと、繰り返しを永遠に続けることになり、プログラムを終了できなくなってしまいます。

繰り返し③──集合で繰り返すタイプ

　集合で繰り返すタイプは少々わかりづらいのですが、データの集合があり、その

2 繰り返しの3つのタイプを知っておこう

データの数だけ繰り返すというタイプです。そして、繰り返しのたびに、集合からデータを順に1つずつ取り出して処理できます。取り出し先は、その繰り返し用に用意した変数になります。

例を挙げて説明しましょう。たとえば「こんにちは」という文字列があり、タイプライターのごとく先頭から1文字ずつ画面に表示したいとします。文字列は、言い換えれば文字の集合です。そのため、このタイプの繰り返しを使えば、文字列の数だけ画面に表示する処理を繰り返せます。なおかつ、繰り返しのたびに文字列の先頭から1文字ずつ取り出して変数に格納し、その変数を参照して画面に表示させることが可能になります。文字列の長さを知らなくても、いちいち調べなくても済むので、効率的なコードを書けます。

このタイプの繰り返しの特長は、集合内のデータ数をプログラマーがわかっていなくても、命令文が数を自分で調べて繰り返してくれることです。指定した回数だけ繰り返すタイプはプログラマーが繰り返す回数を明確に指定する必要がありますが、集合の数で繰り返すタイプはその必要はありません。加えて、集合からデータを自動で取り出してくれるので、プログラマーは取り出す処理をいちいち記述する必要はありません。

なお、Pythonのfor文は厳密にはこのタイプであり、inの後ろに文字列などデータの集合を指定して使うこともできます。

● 図6-2-3: 集合で繰り返すタイプ

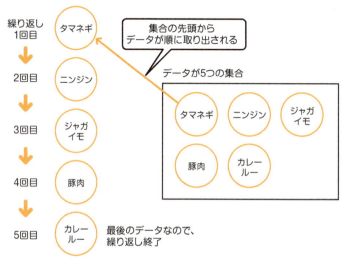

3 配列──「ハコ」の集合でまとめてデータを扱う仕組み

> **POINT!**
> - 配列は、複数の変数をまとめて扱える仕組み
> - 配列の要素は、添え字を数値で指定して操作する
> - 連想配列は、添え字を文字列で指定する配列

■ 複数のハコが並んだ「配列」

　3-4では、変数はデータを入れて使う"ハコ"と学びました。ここでは、この変数を複数まとめて扱える仕組みである「配列」について解説します。配列は、複数のハコが並ぶイメージであり、1つ1つのハコにデータを格納できます。先頭のハコから順にデータを取り出すといった処理に使うことができます。

　配列の1つ1つのハコは、専門用語で「要素」と呼ばれます。配列に含まれる要素の数は、専門用語で「要素数」と呼ばれます。

　配列は実際にどのように使い、どのようなメリットがあるのでしょうか？　ここで、10枚の画像を連続して表示するスライドショーのプログラムを例にして説明します。

　もし各画像のファイル名を10個の変数に格納するとなると、異なる名前の変数を10個用意し、変数ごとに画像を表示する命令文を1つずつ、計10個記述しなければなりません。

　一方、配列を使う場合、10個の要素からなる配列（要素数が10の配列）を1つ用意し、各要素に画像ファイル名を格納します。後は「この配列の先頭の要素の画像から順に表示しろ」といったプログラムを書けばよいので、画像を表示する命令文は1つだけで済みます。このようなメリットは画像の数が増えるほど大きくなります。

　このように、配列を使うと、複数のデータを効率よく処理できるプログラムを書けるようになります。

　配列の個々の要素を使うには、「先頭から○番目」というかたちで数値を指定しま

す。この仕組みは、専門用語で「添え字」と呼ばれます。「インデックス」と呼ばれる場合もあります。添え字は通常、先頭（1番目）の要素なら0を指定するよう決められてます。以降は2番目なら1、3番目なら2と、何番目かの数から1を引いた数値を指定することになります。

　また、配列は変数のように名前を付けて使います。個々の要素を使うコードは、配列名と添え字を組み合わせた形式で記述します。要素にデータを格納したければ、配列名と添え字の後に「＝」とデータを記述して代入し、要素のデータを取り出したければ、配列名と添え字だけを記述して参照します。

● 図6-3-1：配列

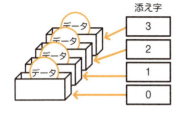

名前で要素を扱える「連想配列」

　配列には、添え字を数値で指定するタイプの他に、添え字を文字列で指定するものもあります。そのような配列は、専門用語で「連想配列」と呼ばれます。「ディクショナリ」と呼ばれる場合もあります。

　連想配列の使い方とメリットを簡単な例で解説します。ここで、全国の県庁所在地を配列で管理したいとします。北海道から順に県庁所在地の文字列を、配列の先頭から格納します。

　もし、添え字が数値の配列を使うなら、1番目の要素（添え字0）には北海道の県庁所在地である「札幌市」、2番目の要素（添え字1）には青森県の「青森市」と順に格納していくことになります。その配列を使う際、たとえば青森県の県庁所在地を取り出したければ、添え字に1を指定するのですが、そもそも青森県のデータが2番目の要素であることをプログラマーが把握している必要があります。どの都道府

県が何番目の要素なのかを把握するのは、非常にハードルが高いでしょう。

一方、連想配列を使えば、北海道の県庁所在地なら、添え字を「北海道」とする要素にデータ「札幌市」を格納できます。そのデータを取り出すには、添え字に「北海道」と文字列を指定すれば済みます。そのため、どの都道府県が何番目の要素なのか把握する必要がなく、目的の都道府県名を添え字に指定するだけでよいので、効率のよいコードを書けます。

●図6-3-2：連想配列

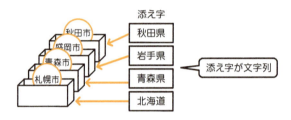

連想配列は以上の例のように、目的の要素を文字列でわかりやすく指定して操作できるのが強みです。その反面、繰り返しと組み合わせた場合、カウンタ変数を使えないので、処理できることの幅が比較的狭いなどの弱みがあります。

このように配列には、添え字が数値の配列と、添え字が文字列の「連想配列」の2タイプがあります。両者は一長一短であり、目的に応じて使い分けます。

4 関数——共通する処理をまとめて使い回す仕組み

> **POINT!**
> - 関数は、複数の命令文を1つにまとめる仕組み
> - 関数を利用すると、共通する処理を使い回せるので、コードの記述が楽になり、メンテナンス性が向上する
> - 関数には引数や戻り値という仕組みがある

■ 複数の命令文をまとめて部品化

　プログラムを書いていると、同じ組み合わせの命令文を何度も記述することになるケースがよくあります。

　そういった、よく使う命令文の組み合わせをまとめて"部品化"し、1つの命令文として記述できるようにした仕組みを「関数」といいます。

　関数を利用すると、どのようなメリットが得られるのでしょうか？

　共通する処理をまとめて使い回すことが可能となりますので、まずはプログラムの記述がグッと楽になります。命令文の重複が解消されるため、今まで同じ複数の命令文を何ヵ所にも書かなければならなかったのが、関数の定義を1ヵ所に書くだけで、後はその関数を実行する命令文だけ書けば済むようになるからです。

　メンテナンス性も大幅に向上します。後から機能を変更する必要が生じた場合、関数を定義した1ヵ所のみを編集すれば済むからです。

●図6-4-1：関数の概念とメリット

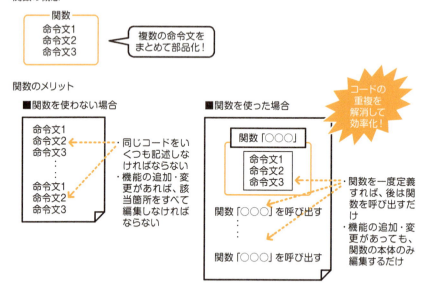

　関数の使い方の大まかなイメージを説明します。まずは、共通する複数の命令文を関数として定義しておきます。定義する際、関数には名前を付けます。関数の名前は一般的に「関数名」と呼ばれます。

　次に、定義した関数を実行したい箇所に、関数名を記述します。これで、その関数が呼び出されます。呼び出しは何ヵ所でも何回でも行えます。

> **関数呼び出し**
> 用語　関数名を記述して、関数を実行することを、専門用語で「関数を呼び出す」「関数呼び出し」といいます。

　関数には、プログラマーが自分で定義するオリジナルの関数の他に、プログラミング言語やライブラリなどが用意している"できあい"の関数もあります。たとえば、指定した文字をコンソール画面に表示する関数をはじめ、よく使われる処理の関数が揃っています。5章で登場したPythonのprint関数やinput関数などが該当します。

用語 サブルーチン
関数のようにプログラムを部品化し、呼び出して実行できるようにしたものは「サブルーチン」とも呼ばれます。

処理に使う"材料"を渡す「引数」

　関数には「引数」という仕組みがあります。「引数」は「ひきすう」と読みます。引数とは、関数の処理に使う"材料"を渡すための仕組みです。関数を呼び出して実行する際、「このデータを使って関数を実行してね」と"材料"を渡すイメージです。
　例を挙げて説明しましょう。
　たとえば、2つの数値の合計を求める関数を定義したいとします。もし引数を使わないと、2つの数値はいずれも、関数内に記述された固定の数値になります。すると、得られる合計は毎回同じ数値になってしまい、合計を求める関数としては実用性に大きく欠けます。
　そこで、引数を2つ用意し、関数を呼び出して実行する際に、数値を引数で渡せるよう関数を定義します。合計を求めるという関数の処理に対して、この2つの引数が"材料"となります。そうすることで、関数実行時に毎回異なる数値の合計を求めることが可能になります。
　このように引数を使うと、関数の中身の処理は同じですが、渡す"材料"によって、得られる実行結果を変えられるようになります。
　実は5章のPythonのprint関数で引数をすでに体験しています。print関数は画面に表示したい文字列をカッコ内に指定しましたが、この文字列が引数になります。print関数は画面に表示する処理の関数であり、処理の"材料"として、表示したい文字列や数値を引数に指定することになります。引数を変えることで、表示する内容を変えられるようになっています。

● 図6-4-2：関数の引数

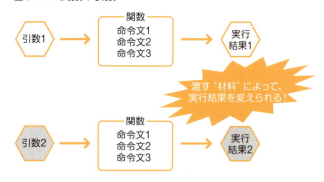

　引数の個数をいくつにするか、引数として渡すデータの種類を数値にするのか文字列にするかなどは、関数を定義する際にプログラマー自身が決めます。引数なしの関数を定義することも可能です。関数の処理の中で、どの部分を毎回変えられるようにしたいのかを考慮して、必要な引数の個数や種類を決めましょう。

実行結果の値を得て以降の処理に使う「戻り値」

　関数には、引数とともに「戻り値」という仕組みもあります。関数の実行結果の値を返す仕組みです。主に関数の実行結果を次の処理に使いたい場合に、戻り値を利用します。たいていは関数の戻り値を変数に代入して次の処理に用います。
　戻り値について、先ほどの2つの数値の合計を求める関数を例に解説します。求めた合計を画面に表示したいとします。その関数は求めた合計を次の処理に使えるよう、合計を戻り値として返すように定義します。その関数を呼び出す際、戻り値を変数に代入するコードを記述します。次の命令文では、その変数を画面に表示する処理に使えば、合計値を画面に表示できます。

● 図6-4-3：関数の戻り値

　戻り値をありにするかなしにするか、ありにするならデータの種類は数値なのか文字列なのかなどは、関数を定義する際にプログラマーが自分で決められます。また、関数を定義する際にどのような戻り値を返すのか指定するのですが、その書き方はプログラミング言語によって異なります。引数は複数定義できますが、戻り値は1つしか定義できません。

第6章

column
関数の仕組みはExcelの関数と同じ

　Excelの関数を使った経験がある読者の方なら、本節で解説した関数および引数と戻り値は、Excelの関数とまったく同じ仕組みと理解すればOKです。Excelでも合計や平均をはじめ、よく使う計算の関数が用意されています。

　たとえばA1～A4セルに数値が入力されており、合計を求めるSUM関数をB1セルに「=SUM(A1:A4)」と入力したとします。すると、B1セルにはA1～A4セルの合計が表示されます。この場合、SUM関数の引数はカッコ内に指定した「A1:A4」です。合計する"材料"である数値が入ったA1～A4セルを指定したことになります。そして、SUM関数の戻り値はB1セルに表示された値です。SUM関数によって求められたA1～A4セルの合計値になります。

　もしSUM関数を使わないと、「=A1+A2+A3＋A4」という長い数式をB1セルに入力しなければなりませんが、SUM関数を使うと「=SUM(A1:A4)」だけで済みます。このメリットは合計したいセルが増えるほど大きくなります。

　関数と引数と戻り値の関係は、プログラミングにおける関数もExcelの関数も同じです。関数の書き方や書く場所、引数や戻り値の指定方法などが異なるだけです。

ライブラリやフレームワーク――"先人の成果"でラクに短時間で作ろう

POINT!
- ライブラリとは、部品化された関数を集めたもの
- フレームワークとは、Webアプリケーションやスマホのアプリなどを作るための"基本キット"のようなもの

■ ライブラリは便利な"部品集"

6-4で、関数には、プログラマーが自分で定義するオリジナル関数の他に、プログラミング言語に最初から用意された"できあい"の関数があると学びました。そういった"できあい"の関数を複数集めたものは、専門用語で「ライブラリ」と呼ばれます。言い換えれば、ライブラリとは、部品化された関数を集めた"部品集"のようなものです(7章末のコラムで解説する「オブジェクト」、「プロパティ」、「メソッド」を集めたライブラリもあります)。ここではそのメリットや種類について説明します。

■ ライブラリのメリットとは？

ライブラリのメリットとしてまず挙げられるのが、開発の時間と手間を大幅に減らせることです。もし関数をゼロから作ったら膨大な時間と手間を要しますが、ライブラリでは最初から完成品として用意されていて、すぐに利用できます。

また、ライブラリを利用すると、プログラムの品質が向上します。自分で作るオリジナル関数には、どうしても不具合が多く残ってしまうものです。ライブラリの関数は、長年何人ものプログラマーに使われてきた中で修正が行われており、基本的には不具合がない状態で提供されます。

ただし、プログラムでは使用しない関数も、ライブラリとしてまとめてプログラムに読み込むため、プログラムの容量は増えます。

●図6-5-1：ライブラリ

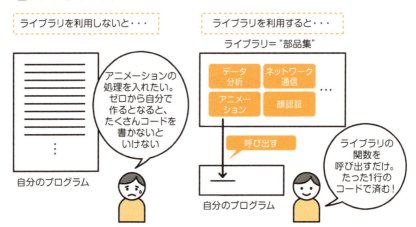

ライブラリの種類

　ライブラリには、「標準ライブラリ」と「外部ライブラリ」があります。標準ライブラリは、プログラミング言語に最初から用意されたライブラリです。外部ライブラリは、言語には用意されていない汎用的な処理の関数を、親切な誰かが別途作成し、誰でも再利用できるようインターネット上に公開してくれたライブラリです。標準ライブラリに比べ、高度な関数が多く含まれています。

　外部ライブラリはさまざまな種類があり、どれも高機能な上に、無料です。たとえば画像処理用ライブラリなら「OpenCV(オープンシーブイ)」です。顔認識といった高度な処理がほんの数行足らずのコードでできてしまいます。JavaScriptのライブラリの代表である「jQuery(ジェイクエリー)」は、アニメーションなどWebページの凝った表現や機能が簡単に実装できます。他にも人工知能で利用される「TensorFlow(テンソルフロー)」など、多彩なライブラリがあります。

■ フレームワークは"基本キット"

「フレームワーク」は、Webアプリケーションやスマホのアプリなどを作るための"基本キット"のようなものです。ライブラリをさらに発展させたものであり、ライブラリを使うよりもさらに短時間で効率よくプログラムを開発できます。通常は無料で利用できます。

　一般的にWebアプリケーションやスマホのアプリなどでは、画面の構成や必要とされる処理など、基礎となる部分は多くが共通しています。そういった共通する基礎の部分のプログラムが、あらかじめ作られた"半完成品"の状態で提供されたものがフレームワークです。フレームワークを使うと、プログラマーはオリジナルの画面パーツや処理を追加・変更するだけで済むため、目的のプログラムが簡単に作れます。

● 図6-5-2: フレームワーク

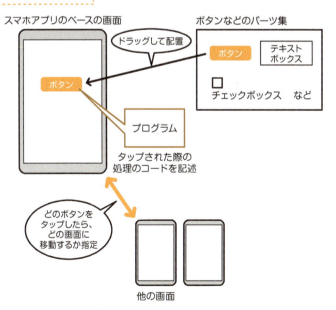

第6章

■ ライブラリとフレームワークの違いは？

　ライブラリはあくまでも"部品集"であり、何をどこにどう使うかはプログラマーが自由に決められます。そのため、自由度が高く便利なのですが、慣れていないとどう使えばよいか迷ってしまいます。

　それに対してフレームワークは、「この部分はこれらの中から選んで使ってね」や「この部分の中身は自由に書いていいよ」などと、構造の"枠組み"がある程度決められています。そのため、プログラマーは迷うことなくアプリなどを作成できます。

　フレームワークの例は、たとえばWebアプリケーションなら「Rails」です。Ruby向けのフレームワークであり、データベースも含め、Webアプリケーションを容易に開発できます。初期のTwitterなど、著名なサービスで利用されています。他にも、2Dゲームのフレームワーク「Cocos2d」、CSS／JavaScriptのWebデザインフレームワーク「Bootstrap」などがあります。

　近年は、高機能なライブラリやフレームワークが多数提供されています。そういった"先人の成果"を適材適所で活かし、いかに効率よく開発できるかも、プログラマーに問われる資質の1つとなっています。

column

「クリック（タップ）されたら実行」もできる

5章のPythonプログラミングで体験したように、コードを記述して実行すると、上から順に実行されます。これが基本なのですが、実はあてはまらないタイプもあります。それは、何かしらの操作をきっかけに処理を実行するタイプのプログラムです。

たとえば、ショッピングアプリの商品の画面なら、［購入する］ボタンをタップしたら購入の処理が行われ、商品画面を右にスワイプしたら次の商品画像が表示されます。商品を購入する処理も次の商品画像を表示する処理も、ともに必要な命令文が上から並べて書かれているのですが、2つの処理は関数によって分けてあります。どちらの関数が先に実行されるかは、ユーザーの操作次第です。

プログラミングを行う際に、「［購入する］ボタンがタップされたら、購入処理の関数を実行しろ」などといったかたちで、操作内容と実行する関数を紐づけておきます。そして、操作された内容に応じて、紐づけてある関数を実行されるようにしておくのです。

このようなタイプのプログラムでは、実行するとまずは操作待ちの状態になります。

処理の実行のきっかけとなるユーザーの操作は、専門用語で「イベント」と呼ばれます。イベントを契機に処理を実行する仕組みは、専門用語で「イベント駆動型」または「イベントドリブン」と呼ばれます。イベントはユーザーの操作だけでなく、「アプリが起動した」や「ネットワークからデータを受信した」など他の種類もあります。

第7章
最初に学ぶプログラミング言語は何にする？

1. この用途ならこの言語！
2. Swift/Objective-C/Kotlin/Java
3. JavaScript
4. Python
5. Java
6. PHP
7. Ruby
8. C／C++／C#
9. VB／VBA
10. Scratch
11. 初心者はどの言語を選べばいい？

1 この用途ならこの言語！

> **POINT!**
> ・プログラミング言語にはたくさんの種類がある
> ・1つ目の違いは、得意な用途や分野
> ・2つ目の違いは、新しいか古いか

■ プログラミング言語は何種類もある

　プログラミング言語には種類がたくさんあります。現在世界中で多くの人に使われている主要な言語だけでも、20種類前後にのぼります。言語ごとに、プログラムを書く際に使える語句や文法、約束ごとがすべて異なります。

　そもそも、なぜ何種類もあるのでしょうか？　プログラミング言語とは実は、個人や企業などが"勝手に"作ってきたものなのです。「スマートフォンのアプリを素早く簡単に書ける言語があるといいなぁ」といった感じで、用途や分野から個人的な好みなどまで、さまざまな人や企業がさまざまなことを考慮しつつ、自然発生的に作られてきました。その結果、何種類ものプログラミング言語が生まれたのです。

　プログラミング言語の違いは大きく分けて2つあります。

　1つ目の違いが、得意な用途や分野です。たとえば「スマートフォンやタブレットのアプリ開発が得意」「Webページを作るためによく使われる」「自動車や家電などに搭載される」など、言語によって得意とする用途や分野があり、使い分けられています。この後に詳しく説明します。

　2つ目の違いが、新しさです。プログラミング言語には昔からある言語と、最近生まれた言語があります。言語を多くの人が長年使っていると、不満や機能追加などの要望が増えていきます。そういった不満の解消や要望に応えるよう、同じ言語でも新しいバージョンができていきます。

　同じ言語がバージョンアップを続けていても、できないことや使いづらいことがどうしても残ってしまう場合があります。その主な理由は、文法など言語の根幹的な部分が過去に書いたプログラムとの互換性などの問題で、大きく変えられないこ

とです。すると、誰かが「じゃあ、いっそのこと、新しい言語を作るか」と、不満を解消し、要望に応えた新しいプログラミング言語を考え出します。その繰り返しによって、同じ用途や分野で、新しい言語が次々と生まれてきました。このようにプログラミング言語は時代の流れに応じて進化していくものなのです。

本章では、そういった進化を経て、現在多くの人に使われている主要言語の特徴を紹介します。

主な言語と得意分野をザッと見よう

主要なプログラミング言語を用途や分野別にまとめたものが次の図です。プログラミング言語によっては、複数の用途・分野で使われます。

● 図7-1-1：主な言語と得意分野

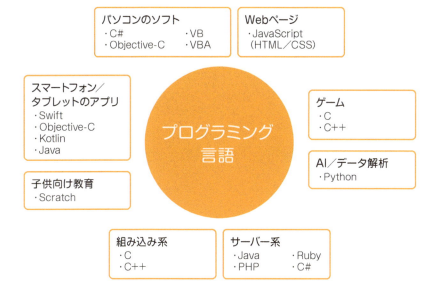

第7章

用語　サーバー系
本書では、ショッピングサイトなどインターネットのサービスの"裏側"で動くプログラムのことをまとめて「サーバー系」と呼ぶことにします。企業の業務システムや社会インフラなどのプログラムも含みます。本章中コラムでもう少し詳しく解説しますので、興味ある方はお読みください。

用語　組み込み系
組み込み系とは、自動車や家電などに搭載され、機械の動きを制御するプログラムのことです。

Swift/Objective-C/Kotlin/Java

POINT!
- iOS向けのアプリ開発には、SwiftとObjective-C
- Android向けのアプリ開発には、KotlinとJava
- SwiftとKotlinは新しく、Objective-CやJavaは古い

■ スマホのアプリ開発に欠かせない言語

　SwiftもObjective-CもKotlinも、スマートフォンやタブレットのアプリ開発に使われるプログラミング言語です。SwiftとObjective-CがiOS（iPhoneやiPadなど）向けのアプリ、KotlinがAndroid向けのアプリ開発に用いられます。Android向けのアプリ開発にはJava（7-5参照）も利用されます。他にもアプリ開発に使える言語はあるのですが、現在はこれら4つの言語が主流を占めています。

　つまり、iOSもAndroidも、アプリ開発にそれぞれ2種類の言語が使えるということになります。SwiftとObjective-Cの違い、KotlinとJavaの違いは、言語の新しさです。

■ 新しい言語と古い言語の違い

　SwiftとKotlinは比較的最近登場した言語です。新しいぶん、より洗練されており、同じ処理を作成するにしても、Objective-CやJavaに比べて、よりスマートな命令文によって効率的にアプリを開発できます。たとえばまったく同じ機能を作る際、プログラムの記述量がより少なくて済みます。プログラムを書くのに要する時間も少なく済むので、効率よく開発できます。

　さらには、動作が高速で安定したプログラムを書きやすくなっている点も特長です。

第7章

■ SwiftとKotlinはアプリ開発の主流言語になる

　アプリ開発を行っている企業などで使われるのは、SwiftやKotlinといった新しい言語が今後の主流となることは間違いありません。このため、これからアプリを開発したい人はSwiftやKotlinを学ぶとよいでしょう。

　なお、SwiftとObjective-Cは、Macのソフト（デスクトップアプリケーション）の開発にも用いられます。

●図7-2-1：Swift／Objective-C／Kotlin／Java

JavaScript

POINT!
- JavaScriptは主にWebページ向け
- Webページにさまざまな"動き"を与える用途で使われる
- Webブラウザーとテキストエディターさえあればすぐにプログラミングが始められる

■ Webページの"動き"はこの言語で作る

　JavaScriptは、主にWebページ向けのプログラミング言語です。Webページにさまざまな"動き"を与えるプログラムの記述に使われます。

　Webページは通常、何ら"動き"がないものですが、JavaScriptを使い"動き"を加えることで、より便利で使いやすくできます。

　ここで言う"動き"とは、たとえば、ボタンにマウスポインターを重ねたら色が変わったり、ボタンをクリックしたらポップアップメニューが表示されたりするなどです。「Google Map」で地図をスクロールしたりズームしたりといった高度な機能も、JavaScriptが柱となって作られています。

　また、最近ではWebページだけでなく、スマートフォンアプリやサーバー系の開発など、幅広い用途で用いられる機会が増えています。

　開発環境を準備しなくとも、テキストエディターとWebブラウザーさえあればすぐにプログラミングが始められる気軽さなども相まって、人気が高い言語の1つです。

●図7-3-1：JavaScript

Webページの"動き"を作る！

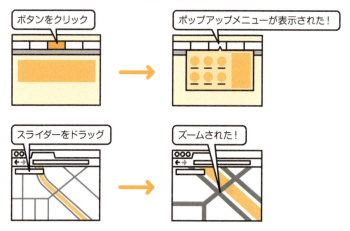

　また、最近ではサーバー系やスマートフォン／タブレットのアプリ開発などにも、JavaScriptが利用される機会が増えています。

---

column

HTMLとCSSとの関係

　WebページはHTMLとCSSによって作られています。両者はそれぞれ何なのか、JavaScriptとはどういう関係なのか解説します。

　HTMLは、Webページ自体を作るときに使う言語で、Webページに表示するコンテンツや構造を指定するための言語です。コンテンツとは、テキストや画像のことです。構造とは、Webページの各コンテンツがどのような役割や関係なのかを指定するものです。たとえばテキストが3つある場合、「このテキストはタイトル、そのテキストは文章の段落、あのテキストは表の1列目の列見出し……」といったように役割や関係を指定します。また、クリックしたらどのWebページにジャンプするのかというリンクも、Webページ同士をひもづける構造として指定します。さらには、テキストボックスやラジオボタンなどのフォームもHTMLで指定します。

一方、CSSはWebページの見た目を指定するための言語です。たとえば、テキストのサイズや色を決めたり、周りに線を引いたり、文章と画像の間の距離などの配置を決めたりするなど、Webページのデザインやレイアウトを作り込むのに用います。

　JavaScriptは、このHTMLとCSSに動きを付けることができます。HTMLとCSSは通常、記述された内容はずっと変わらないため、Webページには"動き"はありません。しかし、JavaScriptを使うと、記述されたHTMLやCSSを好きなタイミングで書き換えることによって、動きを付けることができます。

●図7-3-2：JavaScriptでHTMLやCSSを好きなタイミングで変更

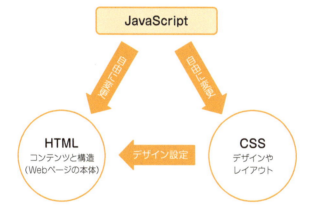

　たとえば、通常の状態のボタンの画像ファイルと、色の違うボタンの画像ファイルをそれぞれ用意しておき、最初は通常の状態のボタンの画像ファイルをHTMLに指定しておきます。そして、マウスポインターが重ねられたら、HTMLで画像ファイルを指定している箇所を、色の違うボタンの画像ファイルに自動で書き換えるようなプログラムをJavaScriptで書きます。すると、マウスポインターが重ねられたらボタンの色が変わるという"動き"をWebページに与えることができます。

　CSSについても同様に、何かしらの操作をきっかけに変更するプログラムをJavaScriptで記述すれば、その操作によってデザインが変わると

いう"動き"を与えられます。

●図7-3-3：JavaScriptでボタンの画像を変更

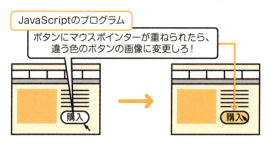

　なお、最近はCSSが進化しており、マウスポインターが重ねられたら画像が切り替わるなど、かつてはJavaScriptでしかできなかった機能がCSSだけでも作成できるようになっています。

　また、HTMLとCSSはプログラミング言語ではなく「マークアップ言語」に分類されます。HTMLとCSSはコンテンツ・構造や見た目を定義する言語であり、「入力→処理→出力」（1-1参照）の形式にあてはまらないからです。

4 Python

POINT!
- Pythonは数値計算に強い言語
- 文法が比較的易しいので、プログラミング入門者に適した言語
- AI、機械学習、ディープラーニングでもよく使われている

■ 流行のAIに強い言語として人気急上昇

　最近は、AI（人工知能）の話題がテレビやWebや雑誌のニュースなどでよく取り上げられています。AIの手法である「機械学習」や「ディープラーニング」といった用語を見聞きしたことがある人も多いのではないでしょうか。

　AIの開発に現在多用されているプログラミング言語が、Pythonです。Pythonはもともと数値計算に強い言語です。大量のデータに対して複雑な計算を行う処理のプログラムが、平易かつ少ない記述量で書ける点などがAIに適しています。

　Pythonは文法が比較的易しいため、プログラミング入門者向けの言語としても適しています。また、処理の区切りを字下げ（インデント）で行う文法のおかげで、誰が書いても似たような体裁のプログラムになります。他の言語はそのような字下げの文法がないため、書く人ごとに違いがたくさんあるプログラムになりがちです。違いが多いと、書いたプログラムを他の人にチェックしてもらったり、引き継いだりする際に読みづらくなってしまいます。しかしPythonはこの字下げの文法によって、書く人ごとの違いが少しだけになり、誰にでも読みやすくできる点も人気の一因です。

● 図7-4-1：Python

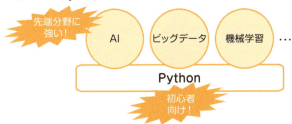

第7章

5 Java

POINT!
- Javaは非常に幅広い分野で利用されている
- 異なるOSで同じプログラムが動作できる
- 初心者が最初に学ぶにはハードルが少々高い

■ 活躍する分野の幅広さはピカイチ

　Javaは、Androidスマートフォン／タブレットのアプリから企業の業務システムなどまで、非常に幅広い分野で利用されている言語です。「Java仮想マシン」という独特な仕組みによって、同じプログラムがWindowsやmacOSやLinuxといった異なるOSで動作できる点が大きな特長です。

　Javaは「オブジェクト指向」（詳しくは7章末コラム参照）というプログラミングの方式に比較的厳しく則っている関係で、ちょっとした処理を作る場合でもプログラムが複雑で冗長になりがちです。そのような理由から、初心者が最初に学ぶにはハードルが少々高い言語なのですが、利用分野の広さから、プログラミングを職業としたいなら、マスターしておきたい言語の1つです。

●図7-5-1：Java

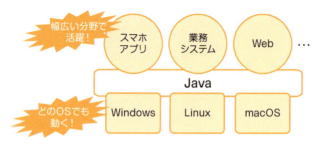

PHP
ピーエイチピー

POINT!
- PHPはWebのサーバー系でよく使われている言語
- 文法は比較的易しい
- 掲示板などのインターネットのサービスを自分で作ってみたい人にオススメ

■ Webのサーバー系の王道的な言語

　PHPは、Webのサーバー系を主な活躍の場とする言語です。SNSやショッピングサイトをはじめ、インターネットで提供されるサービスの開発に多く用いられています。たとえば、初期のFacebook、ブログの制作・管理システムとして人気が高いWordPressなどに利用されています。

　PHPはプログラムをHTML（7-3のコラム参照）と混在するかたちで記述したり、データベースの操作が容易であったりするなどの特長があります。また、文法も比較的易しく、開発環境の準備も年々簡単になっています。機能の豊富さや用途の幅広さと、ハードルの低さのバランスがよい言語であり、インターネットのサービスを自分で作ってみたい人にオススメの言語です。初心者はまず掲示板から作成するなど、比較的機能の少ないサービスから挑戦するとよいでしょう。

● 図7-6-1：PHP

第7章

column
サーバー系とは？

　サーバー系のプログラムとは7-1で簡単に触れたように、インターネットのサービスの"裏側"で動くプログラムのことです。たとえばホテル予約のケースなら、ホテル側にある予約用のコンピューター上で動くプログラムがサーバー系です。スマートフォンの予約アプリからインターネット経由で送られてきた宿泊希望日や人数などを受け取り、空き部屋の確認などの処理を行ったら、その結果を再びインターネット経由でアプリに返します。

　こういった"裏側"で動くプログラムとコンピューターのハードウェアをあわせて「サーバー」と呼びます。Webページを見る際、インターネットの先にはWebページを提供するためのコンピューターとプログラム（Webサーバー）があり、スマートフォンやパソコンのWebブラウザーから要求されたURLに従ってWebページのデータを送っています。また、企業の業務システムのサーバーなら企業内のネットワークなど、インターネット以外を介して利用されるサーバー系プログラムも多々あります。

7 Ruby

POINT!
- Rubyも主にWebのサーバー系で使われている言語
- 日本発のプログラミング言語
- Ruby on Railsはインターネットのサービスを素早く効率的に開発できる仕組み

世界中で使われる日本生まれの言語

　RubyもPHPと同じく、主にWebのサーバー系に用いられる言語です。特長はPythonと同じく、平易かつ少ない記述量でプログラムを書ける点です。Rubyはオブジェクト指向（詳しくは7章末コラム参照）に則っていながらも、処理の区切りに「end」を記述するので区切りの位置が一目でわかるなど、初心者に易しい文法となっており、初心者に喜ばれている言語です。

　また、インターネットのサービスをRubyで素早く効率的に開発できる仕組み、Ruby on Railsの登場によって、ますます人気が高まりました。

　他に特筆すべきは何と言っても、日本発の言語であることです。まつもとゆきひろ氏という人によって開発されました。日本で生まれた言語ですが、今は世界中で利用されています。日本生まれゆえ、日本語の情報が豊富なことも日本のプログラマーには喜ばれています。他の言語は海外生まれのため、最新情報は英語であることがほとんどです。

● 図7-7-1：Ruby

8 C／C++／C#

POINT!
- Cは古くからあるプログラミング言語
- 処理速度が速いが、扱いが非常に難しい
- 初心者には相当ハードルが高い言語

■ 難しいが高速なプログラムが書ける

　Cは1972年に開発された、古くからあるプログラミング言語です。Javaをはじめ他の言語のもととなり、文法などに大きな影響を与えています。最近は組み込み系やゲームなどで多く使われています。

　Cの特長は、処理速度が速い点です。そのため、OSなどスピードを求められるソフトは、Cで書かれたものが多くあります。

　一方で、扱いが非常に難しく、十分気を付けないと、暴走したりセキュリティの欠陥を抱えたりするようなプログラムになってしまいます。

　Cはそのような理由から、初心者には相当ハードルが高い言語と言え、最初に学ぶ言語としてはオススメしません。ただし、プログラミングを本格的に学びたい人なら、プログラミングやコンピューターの動作をより深く理解できることもあり、Cを学ぶ価値は大きいでしょう。筆者個人としては、初心者は他の言語でプログラミングの入門を果たし、少なくとも2〜3年経験を積んだ後、Cを学ぶという過程がよいと考えています。

プログラムの暴走
暴走とは、プログラムの記述ミスや入力ミスなどによって、実行したプログラムが止まらなくなり、操作ができなくなってしまう状態です。暴走したプログラムは、キーボードで特定のキーを組み合わせて長押しするか、OSやプログラムを再起動したり、強制終了したりして止めることができます。

Cを拡張したC++とC#

　C++は、Cをオブジェクト指向（詳しくは7章末コラム参照）に拡張（機能を追加・強化すること）させた言語です。パソコン向けアプリケーションやゲームなど、さまざまな用途に用いられます。Cにオブジェクト指向が加わった言語のため、初心者にはCよりもさらにハードルが高いと言えます。

　C#もCを拡張した言語であり、Microsoft社が開発しました。Windowsのアプリはもちろん、AndroidやiOSといったスマートフォン／タブレットのアプリも開発できます。また、サーバー系やゲームなどにも幅広く用いられています。

　比較的新しい言語であり、CやC++に比べて初心者が暴走しない安全なプログラムを効率よく書ける文法や機能などを備えています。特にWindowsのアプリケーションやシステムを開発したければ、必須となる言語です。難易度はCやC++よりも低いのですが、他の言語に比べれば高いと言えます。

　なお、7-2で登場したObjective-Cも、Cを拡張してできた言語の1つです。

●図7-8-1：C/C++/C#

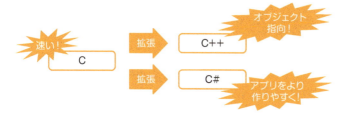

第7章

9 VB／VBA
ブイビー　ブイビーエー

POINT!
- VBはVisual Basicの略で、Windows用ソフト開発向けの言語
- VBAは、VBをMicrosoft Officeソフト向けにした言語
- VBAは事務作業を自動化して効率アップしたい人にオススメ

■ かつてWindows用ソフト開発で活躍

　パソコンが世の中に登場した1980年代によく使われていたプログラミング言語に、BASICがあります。このBASICがWindows用ソフト開発向けに発展した言語が、VB（Visual Basic）です。かつては業務システム用の操作画面などの開発によく使われていましたが、最近ではJavaなど他の言語にとって替わられつつあります。

■ Excelなどの操作を自動化できるVBA

　VBをExcelやWordといったMicrosoft Officeソフト向けにした言語が、VBA（Visual Basic for Applications）です。VBAを使うと、データのコピー＆貼り付けなど、ExcelやWordを使って手作業で行っていた操作を自動化できます。
　VBAが他の言語と大きく異なるのは、言語を利用するユーザーです。他の言語は通常ソフトウェア開発を専門とするエンジニアが利用します。それに対してVBAは、ExcelやWordといったソフト向けの言語のため、事務作業を業務で行うような非エンジニアがメインのユーザー層です。普段のMicrosoft Officeソフトを使った事務作業を自動化して効率アップしたい人にオススメな言語です。

● 図7-9-1：VB/VBA

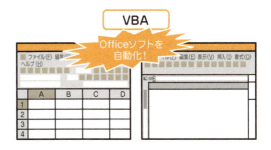

なお、VBもVBAもMicrosoft社が開発した言語です。ともに言語として古いことなどから、初心者には比較的易しいものの、同じ記号が2つの意味で使われたり、おぼえづらい約束ごとがあったりするなど、残念ながら最近の言語に比べてプログラムは書きにくいと言えます。

第7章

10 Scratch

POINT!
- Scratchは、英語調の命令文を使わないプログラミング言語
- 他のプログラミング言語に比べて飛躍的に簡単
- プログラミングを初めて学ぶ人に最適な言語

■ ブロックを並べて作るからカンタン！

　ここまで紹介してきたプログラミング言語はどれも、5章で体験したPythonのように英語をベースとしたテキストをひたすら入力するかたちで命令文を書くことでプログラミングを行います。できあがったプログラムは文字だらけなので、初心者にとっては呪文のように見えるかもしれません。

　Scratchは、そういったプログラミング言語とは根本的に異なります。下図はScratchでプログラミングを行っている画面の例ですが、見てわかる通り、呪文のような英語調の命令文ではなく、さまざまな形をしたブロックが並んでいます。

●図7-10-1：Scratch

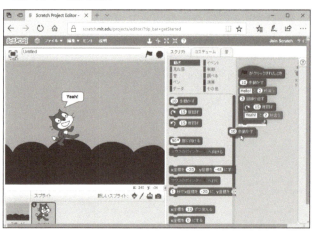

これらのブロックが命令文になります。さまざまな処理の内容に応じたブロックがあらかじめ用意されていて、まさに4章の疑似体験とほぼ同じように、それらを組み合わせて並べるだけでプログラミングが行えます。英作文のような命令文を難しい文法に沿って記述する必要は一切なく、基本的にはブロックのドラッグ＆ドロップだけで直感的にプログラミングができるのが大きな特徴です。

このようにScratchは他のプログラミング言語に比べて飛躍的に簡単であり、初心者にとってハードルが大変低いのが強みです。それでいて、プログラミングの"真髄"はすべて漏れなくきっちりと備えています。

そのため、主に子供向けのプログラミング学習に用いられています。もちろん大人でも、プログラミングを初めて学ぶ人に最適な言語でしょう。ただし、スマートフォン／タブレットのアプリなど、複雑で高度なプログラムは作れません。ちょっとしたパソコン用ゲームなどを作るのに適しています。

Scratchの開発環境はパソコンにインストールするタイプに加え、Webブラウザーで使えるタイプも提供されており、Webブラウザーさえあれば、すぐに始められます。

Scratchのような言語は一般的に、ビジュアルプログラミング言語などと呼ばれます。文字ではなく、ブロックなどビジュアルな方法でプログラミングできる言語という意味です。なお、ビジュアルプログラミング言語はScratch以外に、Code Studio（スタジオ）やViscuit（ビスケット）などがあります。また、人気のゲームMinecraft（マインクラフト）でも、レッドストーンという仕組みを使えば、ちょっとしたビジュアルプログラミングができます。

第7章

> **column**
> ### その他のプログラミング言語
>
> 　プログラミング言語は他にも何種類かあります。近年注目度が高まっている言語の1つが「R（アール）」です。「R言語」とも呼ばれ、比較的最近生まれた言語になります。簡単な命令文でさまざまな統計処理が素早くできるのが特長で、データ解析の分野ではPythonと並び広まっています。また、「Go（ゴー）」や「Scala（スカラ）」や「Haskell（ハスケル）」といった比較的新しい言語が、サーバー系などの分野で広がり始めています。他にも新しい言語が次々と登場しています。
>
> 　一方、古い言語には「Perl（パール）」や「COBOL（コボル）」や「Pascal（パスカル）」や「FORTRAN（フォートラン）」などがあります。インターネット黎明期のWebのサーバー系はPerlが主に使われていたり、誕生した頃のMacのプログラムはPascalで書かれていたりなど、かつては多用されていましたが、今ではあまり使われていません。
>
> 　ただ、COBOLは銀行の預貯金や振り込みなどのメイン業務を担うシステムなどで、古くに作られたものの一部では、いまだに現役として利用されています。機能や性能自体には大きな問題ないのですが、COBOLを書けるエンジニアが減っている関係で、近い将来機能の追加や変更をしたくてもできなくなるという問題が危惧されています。それらCOBOLで書かれたプログラムをJavaなど新しい言語で作り直す取り組みがされていますが、予算や期間や失敗のリスクなどの面で思うように進まない事例も少なくないのが現状です。

11 初心者はどの言語を選べばいい？

> **POINT!**
> - 初心者にはPythonとVBAがオススメ
> - 他の言語を学びたいときも最初はPythonから始めるとよい
> - PythonやVBAが難しいと感じるならまずはScratchから

■ 初心者にはPythonがイチオシ！

　プログラミング自体が未経験の初心者が最初に選ぶ言語としては、オススメはPythonです。文法が易しい、簡単な命令文で画像の加工をはじめ、さまざまなことが行えるなど、プログラミングの魅力を手軽に味わえます。最近はユーザーが急増し、書籍やWebの日本語の情報も充実してきたので、困った際はすぐ誰かに聞いたり自分で調べたりできるのも初心者には心強いところです。その上、AIやデータ解析といった先端分野では現在Pythonが主流となっているので、ニーズが高く、今後はもっと高まると見込まれます。

　筆者個人的には、もしExcelをお持ちなら、VBAも初心者にオススメします。普段作業で行っているExcelの操作を自動化することで、「こんな命令文を書いたら、いつものこの操作を自動化できた」などと命令文と処理の関係を実感しやすいので、プログラミングの理解も進み、学習意欲も湧くでしょう。しかも、Excelを使った仕事の効率化もできて一石二鳥です。

　PythonやVBAが難しいと感じるなら、Scratchから始めるのもよいでしょう。難しい文法や約束ごとに従ってコードを記述する必要はなく、ブロックを並べるだけで直感的にプログラムを作れるので、気軽にプログラミングを楽しめます。

■ 他の言語希望でも"まわり道"して学ぶとよい

　「iPhoneのアプリを作りたいからSwiftを使いたい」など、作りたいプログラム

の関係で、PythonやVBAやScratch以外の言語を学びたい初心者もいるでしょう。その場合でも、いったんPythonなどでプログラミングに慣れてから、希望の言語に移ることをオススメします。スマートフォンやサーバー系の言語は、サーバー系ならHTML／CSSやデータベースなど、目的の言語以外にその分野の専門知識も同時にたくさん学ばなければならず、初心者がいきなり学ぼうとすると、手に負えなくなる恐れが高いからです。

また、C言語系（C++／C#／Objective-Cも含む）およびJavaは、文法がわかりづらいなど言語自体の難易度が高いので、初心者が最初に学ぶにはオススメしません。

JavaScriptはニーズが高いものの、筆者個人的には、最初に学ぶ言語としてあまりオススメしません。命令文の書き方が複数通りあり、近年は比較的わかりづらい書き方が主流になっており、初心者にとってハードルが高くなってしまったからです。しかも、Webページに使うとなると、先にHTML／CSSを身に付けておく必要があり、学習量が大幅に増えてしまいます。

まわり道かもしれませんが、これらの言語は、いったんPythonなどである程度のプログラミングスキルを習得してから、改めて取り組んだ方がスムーズに学べるでしょう。

将来性のあるプログラミング言語は何か？

初心者にとってのわかりやすさではなく、将来性の観点でオススメとなると、まずはPythonです。AIをはじめ、これからさらに伸びていく分野の主流言語であり、今まで以上にニーズが高まるでしょう。

SwiftとKotlinはスマートフォン／タブレットのアプリ開発向け言語として今後有望です。JavaScriptも利用分野がますます広がるので、学んでおいて損はない言語です。

column
「オブジェクト指向」について

　7章でたびたび登場したように、プログラミング言語には「オブジェクト指向」のものがあります。Javaをはじめ、多くがオブジェクト指向の言語です。オブジェクト指向の定義や仕組みは初心者には難しいので、本コラムでは、オブジェクト指向で書かれる命令文の大まかな構造のみを紹介します。構造は次の通りです。

> ［処理の対象］［処理の内容］

　たとえばスマホのアプリでテキストボックスの中身を削除する命令文なら、

> ［テキストボックス］［中身を削除する］

といったかたちで記述します。処理の対象であるテキストボックスを先に書き、その後に処理の内容である「中身を削除する」を記述します。

　処理の対象は専門用語で「オブジェクト」、処理の内容は「プロパティ」または「メソッド」と呼ばれます。プロパティはザックリ言えば、テキストボックスの文字そのものなどの表示内容や、文字の色などのデザインです。メソッドは「削除する」などの動作になります。どのような種類のオブジェクトやプロパティやメソッドが用意されており、それぞれどのような語句を使って記述すればよいのかは言語によって異なります。

　筆者の経験上、オブジェクト指向の言語はひとまずこの構造さえわかっていれば、実際のプログラミングは本などを見ながらで、問題なく行えると考えています。

　一方、C言語などオブジェクト指向ではない言語は「手続き型」と呼ばれます。手続き型の言語の命令文では、処理の内容が先で、処理の対象を後に記述します。先ほどのスマホアプリの例なら「［中身を削除する］［テキストボックス］」といったかたちです。

第8章

これから後のプログラミング学習の進め方

- 1 文法や約束ごとはスグにおぼえる必要なし
- 2 サンプルプログラムの"写経"をやってみよう
- 3 プログラミング上達のために必要なデバッグ力

第8章

1 文法や約束ごとはスグにおぼえる必要なし

> **POINT!**
> ・プログラミング言語の文法や約束ごとは最初から暗記しなくてよい
> ・暗記するなら分岐や繰り返しの文、変数や各種演算などよく使うものから

■ 本やWebサイトを見れば済むものは見ればOK!

　初心者がプログラミングできるようになるためには、3章で解説した基本的な真髄や仕組みを理解し、かつ、5章でPythonを体験したように、使用する言語に応じて文法や約束ごとを学ぶことが必要です。

　本書でどのプログラミング言語にも共通する真髄を学んだ皆さんは、次のステップとして特定の言語に的を絞り、言語固有の文法や約束ごとを学んでいくことでしょう。この節では、言語の文法や約束ごとを学ぶ際のアドバイスや注意点を、筆者の考えを軸に述べていきたいと思います。

　プログラミング言語の学習方法には、書籍やeラーニングを使って独学で行う方法や、スクールに通う方法などがあります。書籍やeラーニングは、学習の途中で疑問点があってもその場で誰かに聞くことはできませんが、比較的低コストで学習できます。一方、スクールに通うのは、コストがかかりますが、疑問点などをその場ですぐに解消できます。それぞれメリット・デメリットがあるので、自分に合った学習方法を選びましょう。

　いずれの学習方法で学ぶにしても、プログラミング言語を学ぶ上でもっとも大切なことは、いきなり文法や約束ごとをすべて暗記しようとしないことです。どの言語にも、各種演算、分岐や繰り返し、変数、関数など、文法や約束ごとがたくさんあり、それらの書式や語句のスペルも含めて暗記するとなると、とても初心者に暗記できる量ではないからです。文法や約束ごとは、本やWebサイトを見ればすぐにわかることであり、基本的に暗記する必要はありません。

本やWebサイトを見ながらプログラミングしてはいけないなんてことはないので、堂々と見ればよいのです。

そうして本やWebサイトを見ながらコードを記述していく中で、よく使う制御文や関数などを自然におぼえたらラッキー！ぐらいのスタンスで構いません。それなのに「最初からすべて暗記しないとプログラミングできない」と勘違いしてしまい、おぼえられず学習をあきらめてしまう光景をしばしば目にします。読者の皆さんはそうならないために、暗記に固執しないよう注意してください。

暗記する場合は何を優先？

文法や約束ごとの暗記が一切不要と言いたいわけではありません。暗記できるなら、した方が望ましいのは事実です。いちいち本やWebサイトを見ずにコードを書けた方が、より素早くプログラミングできるからです。ただし、暗記はあくまでも"望ましい"であって、必須ではありません。可能な範囲で、ゆっくり徐々に暗記していけばよいのです。

暗記するとなった場合、先ほども述べたように暗記する量が多いため、何から優先して暗記するかが重要になります。

暗記の優先順については、分岐や繰り返しの制御文、変数や各種演算など、どのプログラムでもよく使う仕組みを優先するとよいでしょう。関数や配列などは、どんなプログラムを作りたいかによって使うものが変わってくるので、よく使うものから暗記していけばよいでしょう。

機能のラインナップを把握しておこう

また、どんなことができる関数があるのかを把握しておくことをオススメします。書式やスペルといった細かいことではなく、機能のラインナップという大枠を優先しておぼえるのです。

何か作りたい機能があり、その処理が1行のコードでできる関数を知っていれば、コードを容易に記述できます。しかし、知らなければ、その機能を自分でゼロから

第8章

作るはめになるか、もしくはそもそも作れなくなってしまいます。

　たとえば、文字列を指定場所で2つに分割したいとします。その場合、専用の関数があると知っていれば、それを使って1行のコードでできてしまいます。しかし、その関数を知らなければ、分割する処理を何行も記述して、ゼロから作らなければならず、多くの時間と手間を要してしまいます。

　もっとも、すべての関数の機能を把握することも、いきなりは無理です。まずは、作りたい機能の関数があるかどうか、毎回調べるクセを付けるとよいでしょう。そうやって調べていくうちに、よく使うものを自然におぼえられます。

2 サンプルプログラムの"写経"を やってみよう

POINT!
- サンプルプログラムを自分で打ち込んで丸写し（通称「写経」）して動かしてみるのはよい練習になる
- 写経は1〜3行程度の短いサンプルから始めよう

■ プログラムの写経とは何か？

　本書でプログラミングの真髄を学び、続いてプログラミング言語固有の文法や約束ごとを学んだら、それで一人前のプログラマーになれるわけではありません。目的の機能に応じて適切なプログラムを書けるようになるには、ある程度プログラムを書くトレーニングを積む必要があります。この節では、その代表的な方法である「写経」について、効率的な進め方を紹介します。

　写経とは、本やWebサイトに掲載されているサンプルプログラムのコードを丸写しすることです。仏教において経文を書き写す行為と似ているため、プログラミングの世界ではこのように呼ばれています。

　一人前のプログラマーになるには、最終的にはオリジナルのプログラムをゼロから作り上げる能力を身に付ける必要がありますが、まずは先人の作った見本のプログラムをひたすら真似ることで、コードを書くことに慣れることが重要です。そして、書くことに慣れてきたら、見本のプログラムを少しずつ改変してみることなどによって、処理を組み立てるスキルを身に付け、オリジナルのプログラムが書けるようにしていきましょう。

■ 写経をするときの注意点

　初心者が写経をする際には注意点があります。それは、短いサンプルプログラムから始める、ということです。適切な短さは言語にもよりますが、1〜3行程度の

第8章

プログラムから始めるのが理想です。長いサンプルプログラムにいきなり挑戦してはいけません。

　なぜなら、初心者の間は、写経するプログラムが長ければ長いほど、苦労する割にはあまり身に付きません。長いプログラムだと、どの部分がどういう意味で、どう動いているのか、初心者にはまだ理解できないからです。結局、「やった、動いた！」だけで終わってしまうのです。もちろん、プログラミングへの慣れやモチベーションアップなどの点では意味がありますが、自力でプログラムを作り上げられる能力を身に付ける点ではあまり効果はありません。

　よって、写経は1～3行程度の短いプログラムから始め、コードを1行ずつ「こういう意味の命令文を書いたから、実行したらこう動いた」と理解しながら進めていきましょう。そして、慣れてきたら、写経するプログラムの量を徐々に増やしていきます。

　このようなアプローチなら、無理なく学習できます。単に丸写しして終わってしまうのではなく、自分の血肉となるでしょう。

　また、このことは学習に用いる本やWebサイトなどの選び方にも通じます。掲載されているサンプルプログラムが、短いものから徐々に長いものになっている本やWebサイトを選ぶとよいでしょう。いきなり長いプログラムが載っているものは、初心者は避けるべきです。そのような本やWebサイトは何らかの言語経験があり、プログラミング自体には慣れている人向けです。

■ 写経するなら、これらの方法も一緒に！

　最初の間はサンプルプログラムの写経でよいのですが、いずれはオリジナルのプログラムをゼロから自力で作り上げられる能力を身に付けなければなりません。そこで、写経をしながら、そのような力を少しずつ身に付けられる方法をいくつか紹介します。

●①ちょっと改変してみる

　サンプルプログラムの中の1つの命令文で、1ヵ所のみを変更し、変更した内容が動作結果にどう反映されるかを確認します。たとえばコンソールに

文字列を表示するプログラムなら、表示する文字列を変えてみます。他には、関数の引数や変数に代入する数値・文字列を変えることから始めるとよいでしょう。

このような"ちょっと改変"によって、その命令文への理解がより深まります。慣れてきたら、改変する箇所を徐々に増やしていきます。

●②処理の流れをデバッガで追ってみる

プログラムの誤りは専門用語で「バグ」と呼ばれ、バグを修正することは「デバッグ」と呼ばれます。プログラムをゼロの状態から完成させるには、自力でデバッグができる必要があるのです。

筆者が個人的に一番オススメしたいのが、「デバッガ」で処理の流れを追ってみる方法です。デバッガとはデバッグ専用のツールです。コードを一時停止しながら順に1行ずつ実行したり、変数の値を確かめたりできるなど、誤りの発見を手助けしてくれるさまざまな機能が使えます（8-3で改めて解説します）。このデバッガを使い、サンプルプログラムの先頭からコードを順に1行ずつ実行し、処理の流れを追うのです。1行ずつ実行するたびに、動作結果も確認していきます。もし変数が使われているなら、変数の値の変化も追っていきます。

写経したサンプルプログラムが順次だけなら、処理の流れはコードを読むだけである程度わかります。しかし、分岐や繰り返しや変数が使われたり、はたまた関数の呼び出しなどが加わったりすると、処理の流れは読むだけでは理解できません。そこでデバッガを使い、処理の流れや変数の値を見える化することで、自分が写経したプログラムへの理解を深めるのです。

本やWebサイトに載っている分岐や繰り返しや変数の短いサンプルプログラムはたいてい、それらの基本的な使い方であり、その改変や組み合わせでオリジナルのプログラムが作れるものがほとんどです。そのため、①の方法と組み合わせるのも効果的です。そのようにして典型的な使い方への理解を深めれば、自分のオリジナルのプログラムへ活かせる力も徐々に身に付いていくでしょう。

ただ、現状ではどのデバッガも初心者には使い方が少々難しく感じてしまうのが難点です。デバッガにはさまざまな機能が用意されていますが、少な

くとも、

- 一時停止する
- 1行進める
- 変数などの値を見る

の3機能だけを使えれば、論理エラーのデバッグ、およびここで紹介している作業が行えるので、何とかマスターするようにしましょう。筆者は個人的に、もっと初心者に優しいデバッガの登場を願っております。

●③自分で分解して、再構築してみる

　この方法は初心者には少々大変ですが、非常に効果的な練習方法です。ある程度プログラミングに慣れてきた後に、短いサンプルプログラムから挑戦するとよいでしょう。

　ここまで何度も述べてきましたが、プログラムの処理の流れは順次、分岐、繰り返しの3つが基本です。そこで、写経したサンプルプログラムを順次、分岐、繰り返しで分解してみるのです。

　たとえば、完成形のプログラムから、まずは繰り返しの部分だけを取り除きます。

　次に分岐も取り除きます。

　順次の処理だけになったら、実行して動作確認します。

　分解が済んだので、ここからは再構築です。

　順次に分岐を新たに加えて動作確認します。

　次に繰り返しを加えて動作確認します。分岐と繰り返しを加える順は逆でも構いません。

　分解したプログラムは1行記述したら、その都度動作確認して、1行ずつ理解しながら進んでください。その際、デバッガで1行ずつ実行するのも有効です。

　このようにサンプルプログラムを自分で再構築すると、自力で組み立てて完成させることに近い経験ができるため、単に写経をするよりも格段に実力が付きます。

2 サンプルプログラムの"写経"をやってみよう

　再構築してもしうまく動かなければ、デバッガを使って、どこが誤っているのか見つけて、デバッグしてください。なかなかすぐには誤りの箇所が見つけられなかったり、正しい修正方法がわからなかったりしますが、デバッグのトライ＆エラーこそが自力で作り上げられる能力に直結するのです。

　なお、この方法においても、長いサンプルプログラムだと、初心者には分解や再構築が難しいので、あくまでも短いサンプルプログラムから行うようにしてください。

第8章 これから後のプログラミング学習の進め方

3 プログラミング上達のために必要なデバッグ力

> **POINT!**
> ・プログラミング上達には、自力で誤りを修正できる能力が大事
> ・誤りにはコンパイルエラーと論理エラーがある
> ・論理エラーの修正にはデバッガを使おう

■ 優先して身に付けたいデバッグの能力

　前節では、サンプルプログラムの写経、そして改変によってオリジナルのプログラムを書くスキルを身に付ける方法を紹介しました。オリジナルのプログラムが書けるようになるには、実はもう1つ、とても重要な能力が必要になります。それは、自力でバグを修正する能力、つまり、デバッグを行う能力です。

　なぜなら、プログラムは機能の数や複雑さがある程度のレベルになると、記述したものが一発で正しく動くことはごくまれだからです。たいていのケースでは、うまく動かないプログラムのどこに誤りがあるのかを探し、修正する作業を繰り返すことになります。

　2章のプログラミングの大きな流れ【STEP6】でも説明した通り、実際のプログラミングでは、コードを書くのと同じくらいの時間と労力をデバッグに費やすケースは多々あります。よって、デバッグの能力を身に付けることは、実はコードを書く能力を身に付けるのと同じくらい重要なことなのです。

　ここでは、デバッグを行う能力を効率よく身に付ける方法を紹介します。

■ コンパイルエラーと論理エラー

　プログラムの誤りには、大きく分けて2種類あります。1つ目は、言語の文法や約束ごとに反した誤りです。専門用語で「コンパイルエラー」と呼ばれます。この誤りなら、修正は簡単です。開発環境が実行をストップしてエラーを表示し、プロ

グラムのどの部分がどう文法・約束ごとに反しているのかを明示してくれます。プログラマーはその内容に従って修正するだけです。

　2つ目は、処理手順の誤りです。文法や約束ごとに反しておらず、最後までちゃんと実行されるのですが、得られた結果が意図したものと違うという誤りです。専門用語で「論理エラー」と呼ばれます。

　論理エラーの原因は処理手順の誤りです。たとえば、2つの数値の合計を画面に表示するプログラムを作りたいとします。合計値は変数に格納して処理に使うとします。この場合、2つの数値を足した結果を変数に代入する命令文と、その変数を画面に表示する命令文を書くことになります。もし、誤って、画面に表示する命令文を先に書いてしまうと、合計を代入する前の変数の値が画面に表示されることになります。このように処理手順が誤っているため、合計の値は表示されず、意図した結果が得られません。

　論理エラーは、文法や約束ごとは誤っていないため、開発環境はエラー箇所を表示してくれません。よって、修正（デバッグ）は非常に難しくなります。場合によってはベテランのプログラマーでも苦労するほどであり、初心者には大変ハードルが高いものです。論理エラーが最後まで修正できず、完成をあきらめてしまう初心者は枚挙にいとまがありません。これがプログラミング学習における一番のハードルと言ってもよいでしょう。ここであきらめないことが非常に大切であり、プログラムを完成させられるかどうかの分かれ道となります。

第8章

● 図8-3-1：コンパイルエラーと論理エラー

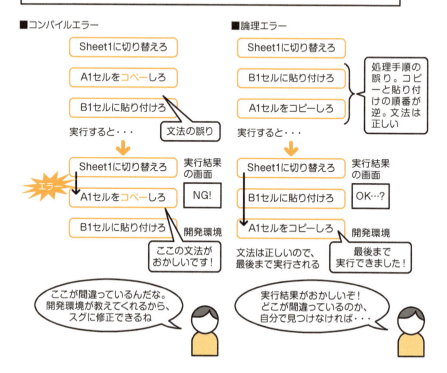

知っておきたいデバッグのコツ

　デバッグの能力を身に付けるには——特に論理エラーのデバッグができるようになるには、身も蓋もない言い方ですが、ある程度の経験を積まなくてはなりません。自分で分解・整理して処理手順を考えてプログラムを記述し、その誤りを修正する行為を何度も繰り返さなければ身に付きません。

　ただ、このときにちょっとしたコツを知っておき、なおかつ、デバッグ専用のツールを利用すると、効率よく経験を積むことができます。

　まずは筆者がオススメするデバッグのコツについて解説します。

論理エラーをデバッグするには、そもそもうまく動かないプログラムのどこに論理エラーがあるのか、探して見つけなければなりません。初心者にとっては見つけること（発見）自体が大変困難です。しかし、初心者でも発見しやすくするコツがあります。

　そのコツとは、「1つの命令文を記述したら、その都度動作確認する」です。目的のプログラムを作る際は、最初に、3章で学んだプログラミングの真髄の1つ目「小さな単位に分解する」を行うのでした。機能や画面を小さな単位に分解し、それぞれ命令文を書いていけばよいのでした。その結果、プログラムは複数の命令文で構成されることになりますが、今回のコツを使う場合、すべての命令文を一度に書きません。まずは1つ目の命令文だけを記述して、すぐに実行して動作確認します。動作確認の結果がOKなら、2つ目の命令文を記述し、同じく動作確認します。もし、動作確認でうまく動かなければ、その場で論理エラー（＜図8-3-2＞の「誤り」）の箇所を修正します。次の命令文は必ず修正し終わってから記述するようにします。

デバッガは引き継ぎにも使える
デバッガで処理を追っていく方法は、他人が書いたプログラムを引き継いだ際、プログラムの内容を解読するのにも大変有効です。プログラミングの仕事の現場では、複数人で1つのプログラムを作成する場合が多く、他のメンバーからプログラムを引き継ぐのはよくあることです。一般的に他人が書いたプログラムはただ読むだけ、実行するだけではなかなか理解できませんが、デバッガで処理の流れや変数の使われ方などを見える化すれば、理解が進みます。

● 図8-3-2: 実行してすぐに動作確認

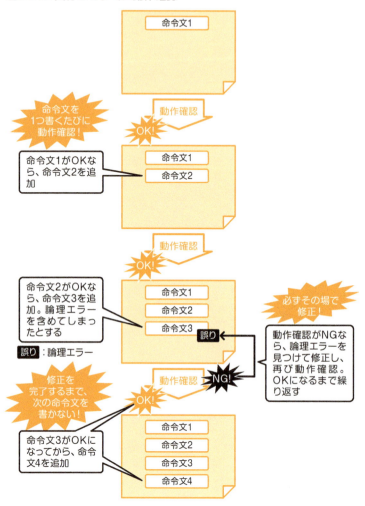

　これらの作業の繰り返しで、プログラムを作成していきます。複数の命令文を一気にすべて記述し、まとめて動作確認したくなるところですが、1つの命令文の記述・動作確認を積み重ねることで、段階的に作り上げていきます。
　なぜ論理エラーを発見しやすくなるかというと、探すべき範囲を1つの命令文に絞り込めるからです。その理由を<図8-3-3>のような3つの命令文からなるプロ

グラムの例で解説します。ここでは3つ目の命令文に論理エラーがあると仮定します。

● 図8-3-3：探す範囲を絞り込む

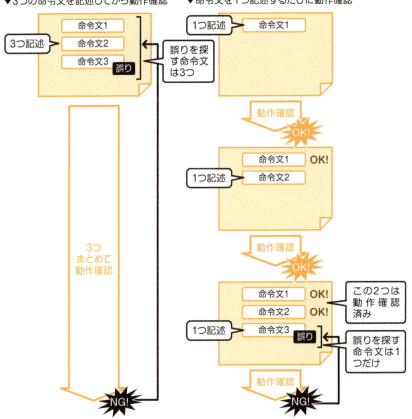

　<図8-3-3>の左側が、3つの命令文をすべて記述してから、まとめて動作確認する場合のやり方です。この場合、もしうまく動作しなければ、論理エラーを探す範囲は3つの命令文すべてになります。
　一方、命令文を1つ記述するたびに動作確認する方法を用いた場合が<図8-3-3>の右側です。この場合、論理エラーを探す範囲は直前に記述した3つ目の

命令文だけで済みます。なぜなら、それ以前に記述した1つ目と2つ目の命令文は動作確認済みであるため、論理エラーがあるとしたら、直前に記述した3つ目の命令文だけとわかるからです。

このように、複数ある命令文から論理エラーを発見するのは困難ですが、1つの命令文だけなら容易になります。論理エラーのある命令文を発見したら修正し、再び動作確認してうまく動けば次の命令文に進みます。そして、うまく動かなければ再度修正します。

ここで紹介したコツによるプログラムの作り方の本質は、「複数の小さなPDCAサイクルの積み重ね」と言えます。プログラミングの作業は一般的に、PDCAサイクルと見なせます。作りたい機能の処理手順を考え（Plan）、そのコードを記述し（Do）、動作確認します（Check）。もしうまく動かなければ、誤りを探して発見し（Action）、どう修正すればよいか考え（Plan）、コードを修正（Do）してデバッグします。以降は動作確認でOKになるまで、デバッグを繰り返します。このPDCAサイクルを最後まで回しきることが、目的のプログラムを完成させることに直結します。

このPDCAサイクルを1つの命令文（分解した小さな単位）ごとに回します。そういった小さなPDCAサイクルを複数積み重ねることで、プログラムを段階的に作り上げていくのがポイントです。

●図8-3-4: PDCAサイクル

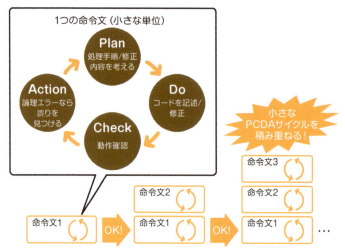

もし、初心者が複数の命令文を一気に記述してPDCAサイクルを回そうとすると、動作確認（Check）で論理エラーが発生したら、論理エラーを探す範囲が複数の命令文になってしまいます。そのため、誤りを自力で発見できずにActionの時点で止まったり、修正できずにPlanやDoで止まったりしてしまうでしょう。そういった複数の命令文による大きな1つのPDCAサイクルだと、初心者には最後まで回しきることが難しいものです。

一方、1つの命令文（単位）ごとにPDCAサイクルを回せば、誤りの発見・修正が容易になるため、途中で止まることを防げ、初心者でも最後まで回しきることが可能となります。そういった小さなPDCAサイクルを1つずつ回して、複数積み重ねていけば、自力で目的のプログラムの完成まで、たどり着けるようになるでしょう。

デバッグにはデバッガを使おう

「コードを1つ書いたらすぐ実行するというコツ」は非常に有効なのですが、変数が多数登場するなどプログラムが複雑になってくると、この方法だけでは限界を迎えてしまい、命令文の中のどの箇所に論理エラーがあるのか、どう修正すればよいかが初心者にはわかりにくくなってしまうものです。そこで、組み合わせて活用したいのが、デバッグ専用ツールである「デバッガ」です。

デバッグ専用ツールである「デバッガ」の機能は一言で言えば、「論理エラーの箇所を見える化する」です。通常は、IDEなどの開発環境に付属するデバッグ用の機能というかたちで利用できます。5章で登場したSpyder、Excel VBAで利用するIDEの「VBE」、はたまたJavaScriptの開発で用いるWebブラウザーなど、主要な開発環境にはすべて搭載されています。

デバッガを使うと、記述したプログラムを先頭から1行ずつ、一時停止しながら実行できます。そのため、どのコードがどの順で実行されているのかを確認することができ、論理エラーの箇所が見つけやすくなります。

また、デバッガでは、一時停止中に変数やプロパティなどの値を随時確認できます。その機能によって、変数などに値を代入するタイミングや増減させる量などの誤りを見つけることができます。

第8章

　デバッガでできることとそのメリットをザッと述べましたが、実際にデバッガを使ってみないと、初心者にはなかなか理解できないものです。この本では使い方の詳細は説明しませんが、怖がらず、積極的に使ってみてください。

● 図8-3-5：デバッガを使うメリット

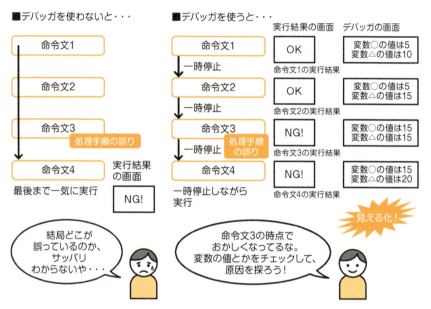

　論理エラーのデバッグは誰でも苦労するのですが、「コードを1つずつ実行する」コツとデバッガがあると、その苦労を飛躍的に軽減できます。デバッグに要した時間と労力のぶんだけ、ちゃんと経験値が上がります。

　本節で挙げたデバッグの能力は、目的の機能を備えたプログラムを自力で完成させるための能力です。言い換えると、意図した処理結果が正しく得られるプログラムを作るための能力です。

　プログラミングではさらに、処理速度の速さ、機能の追加・変更への対応しやすさ、セキュリティの高さなども兼ね備えた、より高いレベルのプログラムを記述できる能力が求められます。処理速度の速さ、機能の追加・変更への対応しやすさについては、4章のコラムをご覧ください。

3 プログラミング上達のために必要なデバッグ力

column 他に知っておきたいプログラミングのコツ

　プログラミングのコツは「段階的に作り上げる」以外に、次の2つも筆者はオススメします。

・練習用プログラムで試してから本番に使う

　初めて使う制御文や関数などをいきなり使うと、機能や使い方をよく把握していないため、たいていは想定通り動きません。最悪、コードがぐちゃぐちゃになって元に戻せなくなり、それまで段階的に作り上げてきたプログラムが無に帰してしまいます。

　そこで、初めて使う制御文や関数などは、作成途中の"本番"とは別に練習用プログラムを用意して、そこにコードを書いて実行しながらいろいろ試します。ある程度把握してから本番に使うようにすれば、想定通り動くコードを比較的すんなり書け、最悪の事態も避けられます。練習用プログラムを書く場所は、本番とは別に用意したファイルや関数です。また、AnacondaのIPythonコンソール（入出力以外に、ちょっとしたコードを書いて実行することも可能）など、IDEの機能も利用できます。

・マメにバックアップを取る

　コードが元に戻せなくなる事態に備える別の手段として、コードのバックアップをマメに取る方法があります。具体的な方法は、プログラムをファイルごとコピーしたり、編集する箇所のコードをコピーしてコメント化したりするなどさまざまです。バックアップの保存先についても、USBメモリーやクラウドに保存するなど、たとえ作業中のPCが壊れてもコードは残る場所がベターです。

おわりに

　初めてのプログラミングは、いかがでしたか？

　「はじめに」でも書きましたが、プログラミングの学習では、真髄を習得することが非常に大切です。真髄は各言語に共通しているため、理解していれば、どの言語を学ぶのも容易になるからです。
　皆さんはもう、本書でプログラミングの真髄を習得しました。これから先、次なるステップとして、プログラミング言語ごとの文法や約束ごとを学んでいく際には、きっと挫折することなく、スムーズに理解できるようになっているはずです。

　本書を読み終えたら、次は自分が作りたいものにあわせて言語を選び、ひたすら手を動かしてプログラミングを行いましょう。
　8章でも書きましたが、最初に習得する言語としては、Pythonが一番のオススメです。5章ですでにIDEのSypderもインストールしてありますし、簡単なプログラムを作る経験もしました。これからは、Webサイトや本を参考にしながら、どんどんプログラミングに挑戦して、「自分が書いたプログラムがちゃんと動いた！」という感動体験をたくさん味わってください。

　読者の皆さんが本書をきっかけに、プログラミングを本格的に始めて、楽しめるようになることを祈っております。

立山 秀利

■著者

立山 秀利(たてやま ひでとし)

フリーライター。1970年生まれ。筑波大学卒業後、株式会社デンソーでカーナビゲーションのソフトウェア開発に携わる。退社後、Webプロデュース業を経て独立。主な著書に『Excel VBAのプログラミングのツボとコツがゼッタイにわかる本』(秀和システム)、『入門者のExcel VBA』(講談社)など。

STAFF

編集	内藤 貴志
	千葉 加奈子
カバーデザイン	阿部 修 (G-Co.Inc.)
本文デザイン	波多江 宏之
本文イラスト	西嶋 正、高橋 結花
カバー制作	鈴木 薫
DTP制作	西嶋 正
編集長	玉巻 秀雄

```
■本書のご感想をぜひお寄せください
https://book.impress.co.jp/books/1117101042
```

読者登録サービス　アンケート回答者の中から、抽選で**商品券（1万円分）**や
CLUB impress　　**図書カード（1,000円分）**などを毎月プレゼント。
　　　　　　　　当選は賞品の発送をもって代えさせていただきます。

■商品に関する問い合わせ先
　インプレスブックスのお問い合わせフォームより入力してください。
　https://book.impress.co.jp/info/
　上記フォームがご利用頂けない場合のメールでの問い合わせ先
　info@impress.co.jp

- 本書の内容に関するご質問は、お問い合わせフォーム、メールまたは封書にて書名・ISBN・お名前・電話番号と該当するページや具体的な質問内容、お使いの動作環境などを明記のうえ、お問い合わせください。
- 電話やFAX等でのご質問には対応しておりません。なお、本書の範囲を超える質問に関しましてはお答えできませんのでご了承ください。
- インプレスブックス（https://book.impress.co.jp/）では、本書を含めインプレスの出版物に関するサポート情報などを提供しておりますのでそちらもご覧ください。

■落丁・乱丁本などの問い合わせ先
　TEL　03-6837-5016　FAX　03-6837-5023
　service@impress.co.jp
　（受付時間／10:00-12:00、13:00-17:30 土日、祝祭日を除く）
- 古書店で購入されたものについてはお取り替えできません。

■書店／販売店の窓口
　株式会社インプレス 受注センター
　TEL　048-449-8040
　FAX　048-449-8041
　株式会社インプレス 出版営業部
　TEL　03-6837-4635

プログラミングを、はじめよう

2018年 3月21日　初版発行
2021年 5月11日　第1版第4刷発行

著　者　立山秀利
発行人　土田米一
編集人　高橋隆志
発行所　株式会社インプレス
　　　　〒101-0051　東京都千代田区神田神保町一丁目105番地
　　　　ホームページ　https://book.impress.co.jp/

本書は著作権法上の保護を受けています。本書の一部あるいは全部について（ソフトウェア及びプログラムを含む）、株式会社インプレスから文書による許諾を得ずに、いかなる方法においても無断で複写、複製することは禁じられています。

Copyright © 2018 Hidetoshi Tateyama. All rights reserved.

印刷所　株式会社ウイル・コーポレーション
ISBN978-4-295-00332-8　C3055
Printed in Japan